高等学校计算机类特色教材
上海市高等学校信息技术水平考试参考教材

数字媒体应用技术

杜 明 尹 枫 李柏岩 马可幸 编著

Publishing House of Electronics Industry
北京·BEIJING

内 容 简 介

本书以数字技术创新要求为契机，通过具体实例介绍数字媒体技术在现实生活中的应用，另外，增加了虚拟现实技术内容，将数字媒体技术通识教育内容推进到了一个新的阶段，为工、理、管、文、农、医等各学科学生的信息技术能力及艺术素养的训练和培养提供支持。

第 1 章介绍数字媒体技术基础；第 2～5 章分别介绍音频、图像、动画和视频等数字媒体技术的基本理论，以及素材制作方法，并结合当前广泛应用的 Audition、Photoshop、Animate、Premiere 和 After Effects 等工具进行实例讲解。第 6 章介绍虚拟现实技术，并结合 Unity 软件介绍基本 3D 场景应用的开发方法。

本书实例丰富，并且大部分实例配有操作演示视频（二维码）。本书提供配套的电子课件，以及实例所需的相关资源，登录华信教育资源网（www.hxedu.com.cn）注册后可免费下载。

本书通俗易懂、实例丰富、技术先进，适合广大数字媒体技术初学者学习，具备程序设计基础的读者可以在动画制作和虚拟现实开发等方面实现更深入的应用，并解决更复杂的问题。本书案例获得了上海市高等学校信息技术水平考试题目资料的支持，可以作为该考试的参考教材。

图书在版编目（CIP）数据

数字媒体应用技术 / 杜明等编著. —北京：电子工业出版社，2023.2
ISBN 978-7-121-45131-7

Ⅰ. ①数⋯　Ⅱ. ①杜⋯　Ⅲ. ①数字技术－多媒体技术　Ⅳ. ①TP37

中国国家版本馆 CIP 数据核字（2023）第 030118 号

责任编辑：冉　哲
印　　刷：北京七彩京通数码快印有限公司
装　　订：北京七彩京通数码快印有限公司
出版发行：电子工业出版社
　　　　　北京市海淀区万寿路 173 信箱　邮编　100036
开　　本：787×1092　1/16　印张：14　字数：353.6 千字
版　　次：2023 年 2 月第 1 版
印　　次：2024 年 7 月第 2 次印刷
定　　价：49.00 元

前　　言

数字媒体技术融合了计算机技术和通信技术，是一种极具时代特色的多学科交叉技术。随着网络技术的发展，数字媒体技术迅速步入人们工作和生活的各个领域，例如，数字音乐创作、图像设计与制作、影视节目录制以及虚拟现实技术应用，这些给人类社会的工作和生活带来了深刻的变化。本书的内容面向新一代数字媒体技术，以数字媒体项目制作过程为线索，对新一代数字媒体技术的理论、工具、设计和应用做了比较全面的讲述，并通过具体实例介绍数字媒体技术的实际应用，在项目制作和发布方面可与 HTML5 结合，支持轻量级移动设备的数字媒体应用。

本书分为 6 章。第 1 章介绍数字媒体技术基础，包括概述、数字媒体计算机硬件和软件系统、数字媒体作品创作等内容；第 2～5 章分别介绍音频、图像、动画和视频等数字媒体技术的基本理论，以及素材制作方法，并结合当前广泛应用的 Audition、Photoshop、Animate、Premiere 和 After Effects 等 Adobe 公司的数字媒体开发工具进行实例讲解。第 6 章介绍虚拟现实技术，包括基础知识、虚拟现实系统和 VR 设备与应用开发技术等内容，并结合 Unity 软件介绍基本 3D 场景应用的开发方法。本书实例丰富，使学生在学习过程中可以比较轻松地掌握相关知识，并且大部分实例配有操作演示视频（二维码）。本书提供配套的电子课件，以及实例所需的相关资源，登录华信教育资源网（www.hxedu.com.cn）注册后可免费下载。每章配有习题，帮助学生对各章的知识内容进行实践练习。

本书建议学时数为 36～48 学时。教师可以根据学时情况，选择讲述部分章节的内容。建议学生在学习过程中能够结合某个具体的主题，按照第 1 章介绍的数字媒体作品创作过程，在理解数字媒体创作艺术的基础上，按照章节顺序从学期初就开始进行各种数字媒体素材的采集、制作和处理。在学习到第 5 章或第 6 章时，收尾完成数字媒体作品的制作。这样能够在学习过程中保持对每个章节的兴趣，同时提升实际动手的能力，达到较好的学习效果。

本书案例的选取注重体现中国传统文化、城市建设以及科学技术的新发展，有助于培养家国情怀。本书在撰写过程中调研和学习了上海市多所高校数字媒体技术相关课程的教学内容和教学方法。在经验总结的基础上，深入浅出地讲授数字媒体技术的基础知识和应用实践，体现数字媒体技术通识课程的教育思路。本书案例获得了上海市高等学校信息技术水平考试题目资料的支持，可以作为上海市高等学校信息技术水平考试的学习教材。

本书在撰写过程中得到了石李珊在素材方面的支持和帮助，在此表示感谢。另外，由于时间紧张，作者水平有限，书中可能存在不当之处，希望各位读者批评指正。

作　者

目　　录

第1章

数字媒体技术基础

数字媒体技术始于 20 世纪 80 年代，它融合了计算机技术和通信技术，是一种极具时代特色的多学科交叉技术。随着虚拟现实、增强现实、人工智能等技术的发展，数字媒体技术发生了巨大变化。幻影成像、虚拟场景和环幕演示等数字媒体工程应用创造了超乎想象的视听效果。当前，我们处于自媒体时代，个人微博、短视频、在线直播等给工作和生活带来了深刻的变化。本章将详细介绍数字媒体技术的基本概念和基础知识，为实现各种数字媒体应用奠定良好的基础。

1.1 数字媒体技术概述

1.1.1 数字媒体的概念

传统意义上的媒体是指传播信息的介质，通俗地说，就是宣传用的载体或平台。传统媒体主要包括电视、广播、报纸和网站。

在计算机领域，媒体有两种含义：一种是指存储信息的实体，称为媒质，例如，磁盘、光盘和半导体存储器等；另一种是指承载信息的载体，称为媒介，例如，文本、声音、图形、图像、动画和视频等。数字媒体技术中的媒体通常指的是第二种，即承载信息的载体。

1. 媒体的类型

按照不同的分类标准，可将媒体划分为不同的类型。国际电信联盟下属的电信标准化部（ITU-T）按照其承载的方式不同将媒体划分为 5 种类型。

（1）感觉媒体：能够直接作用于人的感官，使人直接产生感觉的一种媒体。人类的感觉器官有视觉、听觉、嗅觉、味觉和触觉 5 种，不同的感觉器官可以感受不同的感觉媒体。例如，视觉器官可以感受文本、图形、图像、动画和视频等视觉媒体，听觉器官可以感受语言、音乐和自然界的各种声响等听觉媒体。

（2）表示媒体：为了加工、处理和传输感觉媒体而人为研究、构造出来的一种媒体。表示媒体是感觉媒体数字化后的表示形式，例如，ASCII（American Standard Code for Information Interchange，美国信息交换标准代码）编码、声音编码、图像编码和视频信号等。

（3）显示媒体：用于获取或再现信息的物理设备。显示媒体可分为两种类型：一种是输入显示媒体，例如，键盘、鼠标、光笔、麦克风、扫描仪、数码相机和数码摄像机等；

另一种是输出显示媒体，例如，显示器、打印机和投影机等。

（4）存储媒体：用于存放表示媒体的物理载体，例如，磁盘、光盘和半导体存储器等。

（5）传输媒体：用于传输感觉媒体的物理载体，例如，电缆、光缆、微波和红外线等。

2. 数字媒体

数字媒体是指以二进制数形式记录、处理、传播信息的载体，这些载体包括数字化的文本、声音、图形、图像、动画和视频等感觉媒体，以及处理这些感觉媒体的表示媒体，存储、传输、显示逻辑媒体的实物媒体。

数字媒体可以在数字设备上创建、查看、分发、修改和保存，再通过互联网等传播。数字媒体对文化发展和社会进步产生了广泛而复杂的影响，在出版、新闻、公共关系、娱乐、教育、商业等领域引起了颠覆性的创新。此外，数字媒体还使个人可以更加容易地参与内容创作，贡献自己的评论、著作、照片、视频等。

（1）数字媒体信息

数字媒体信息主要包括文本、声音、图形、图像、动画和视频等，各种信息以不同的文件形式存储在数字设备内。

① 文本：文本包括各种文字和符号，是现实生活中使用最广泛的一种信息类型，主要用于对知识的描述性表示。

② 声音：声音是人们传递和交流情感最便利的方式，是数字媒体信息的重要元素。

③ 图形：图形是以数学方法描述的一种由几何元素组成的矢量图。

④ 图像：图像是以点阵形式描述的位图，如数码照片。

⑤ 动画：动画是人为制作的、动态的图形和图像。动画内容包括画面缩放、旋转、变换和淡入淡出等特殊效果，使得媒体信息更加生动。

⑥ 视频：视频是录制于自然界的动态影像，如电影和电视画面。视频信息对于展示事物情节的发展过程具有重要作用。

（2）数字媒体技术

数字媒体技术是指利用计算机和通信技术将各种类型的数字媒体信息处理为可感知、可管理和可交互的数字媒体信息的技术。数字媒体技术体现了多个学科与计算机技术的融合，它包含计算机软硬件技术、信号数字化处理技术、音/视频处理技术、图像压缩处理技术、现代通信技术、人工智能技术和模式识别技术等，是不断发展和完善的多学科综合应用技术。

数字媒体技术所处理的媒体元素是一个有机的整体，属于数字媒体范畴的事物都具有一些共同的特点：数字化、集成性、多样性、交互性、非线性、实时性。

① 数字化：数字媒体信息是包含文本、声音、图形、图像、动画和视频等不同信息类型的一种综合信息，所有类型的信息必须是数字化的信息，可以使用计算机进行存储、编辑和处理。

② 集成性：数字媒体技术能够利用计算机对数字媒体信息进行多通道综合获取、存储、组织与合成，以计算机为中心综合处理多种媒体信息。集成性不仅包括数字媒体信息的集成，还包括与数字媒体软件和硬件设备的集成。例如，通过各种数字媒体输入设备获取各种类型的素材，通过素材处理软件进行加工处理，然后利用数字媒体集成工具进行组织，

最后完成数字媒体作品的创作,这个过程就充分体现了数字媒体技术的集成性。

③ 多样性:数字媒体技术的多样性体现在三个方面。第一,数字媒体信息类型的多样性,例如,文本、图像和声音这些不同的信息类型需要使用不同的数字媒体技术进行处理;第二,信息载体的多样性,数字媒体信息的表达方式不同,信息载体也随之呈现多样化,多样化的信息载体包括磁盘和闪存等物理介质载体,以及网络传输介质载体;第三,数字媒体信息处理效果的多样性,各种原始素材经过构思和技术处理,能够产生多种多样的特殊效果,大大丰富了信息的表现力。

④ 交互性:数字媒体技术的交互性是指参与者可以对数字媒体信息进行选择和控制以获取相应的信息内容,与数字媒体信息之间实现交流和互动。数字媒体技术最突出的特点是其交互性,它是数字媒体有别于传统媒体的主要特点。例如,传统电视系统的媒体信息是单向流通的,电视台播放什么内容,用户就只能收看什么内容。而应用数字媒体技术的交互电视具有点播功能,为用户选择和获取节目提供了灵活的手段与方式。

⑤ 非线性:数字媒体信息的结构形式一般是超媒体的网状结构。数字媒体技术的非线性特点改变了传统的顺序浏览模式,为用户浏览和获取信息带来极大的便利。例如,数字媒体技术通过超文本链接的方法,提供给人们一种崭新的、灵活的跳转浏览方式。

⑥ 实时性:应用数字媒体技术能够对信息进行实时控制。当用户给出操作命令时,数字媒体信息能够快速实时响应。

1.1.2 数字媒体与多媒体

多媒体可以简单理解为多种媒体的有机结合,这些媒体可以是文本、声音、图形、图像、动画和视频等信息表示形式,也可以是显示器、扬声器和电视机等信息的展示设备,也可以是传递信息的光纤、电缆和电磁波等传输媒体,还可以是存储信息的磁盘和光盘等存储实体。多媒体技术是指利用计算机综合处理多种媒体信息,在它们之间建立逻辑关系,并将多媒体设备集成为一个具有人机交互性能的应用系统的技术。计算机、手机、电视等所有的数字化电子设备,都是数字媒体概念的范畴。

数字媒体广义上指所有的数字化内容,包括数字化的文本、声音、图形、图像、动画和视频等,以及与此相关的采集、压缩、存储、处理等技术。

数字媒体与多媒体没有严格的定义区分,都是以计算机技术为核心,融合了文本、声音、图形、图像、动画和视频等多种媒体而形成的一种存储、传播和表现信息的载体。它们的差异主要表现在,数字媒体在技术方面更强调计算机技术和信息通信技术,以技术为主、艺术为辅,在专业教育领域,数字媒体技术归属于计算机类;多媒体在技术方面更加强调艺术性,且利用计算机技术进行设计实现,使两者有机融合。

1.1.3 数字媒体技术的发展

1. 发展历史

多媒体技术起源于20世纪80年代中期。1984年,美国苹果(Apple)公司推出Macintosh

计算机（也称 Mac 机或苹果机），第一次实现了利用计算机进行图像处理，代表了多媒体技术的起源。

1985 年，美国 Commodore 公司推出了世界上第一台多媒体计算机系统 Amiga。其操作系统具有窗口图形界面，硬件配备了图形处理芯片 Agnus8370、音频处理芯片 Paula8364 和视频处理芯片 Denise8362，具有处理动画、声音和视频的功能。

1986 年，荷兰飞利浦（Philips）公司和日本索尼（Sony）公司联合推出了交互式紧凑光盘系统（Compact Disc Interactive，CD-I），同时公布了 CD-ROM 文件格式，后经国际标准化组织（ISO）确认为国际标准。该系统将各种媒体信息以数字化的形式存放在 650MB 的 CD-ROM 上。

1987 年，美国 RCA 公司推出了交互式数字视频系统（Digital Video Interactive，DVI），该系统以 PC 技术为基础，使用标准光盘来存储和检索静止图像、活动图像、声音和其他数据。

1990 年，美国微软（Microsoft）公司联合 IBM、英特尔（Intel）、飞利浦等 14 家厂商成立了多媒体计算机市场协会（Multimedia PC Marketing Council），制定了多媒体计算机（Multimedia PC，MPC）的技术标准 MPC1，对其软硬件规定了最低标准和量化指标，随后陆续推出 MPC2、MPC3、MPC4 标准。

1997 年，美国英特尔公司推出了具有 MMX（Multimedia Extensions，多媒体扩展）技术的奔腾处理器，将多媒体扩展技术加入处理器芯片中。自此，个人计算机步入了数字媒体时代。

2. 数字媒体技术的发展趋势

随着计算机和通信技术的不断发展，数字媒体技术的应用领域不断扩展，用户数量不断增加，持续推动数字媒体产业的发展。从目前看，数字媒体技术发展有以下趋势。

（1）智能化趋势。近年来，人工智能技术发展迅速，数字媒体技术的核心计算机设备不仅能够迅速响应计算机指令，而且能够理解人们的情感。人们可用日常的感知和表达方式与这些数字媒体设备进行交互，如语言、手势、表情和眼神等。这种智能化的媒体技术是人工智能技术与数字媒体技术相结合的结果。

（2）移动化趋势。手机和平板电脑等移动设备的普及加速了数字媒体终端的移动化发展。数字媒体技术在移动端的应用发展迅速，如手机银行、云闪付、支付宝、微信支付、高德地图、滴滴出行、共享单车，淘宝、京东、美团等移动应用已经开创了新的生活模式和工作模式，未来进一步结合人工智能技术可实现移动端教育、诊疗、政务等应用，实现移动化生活服务。

（3）个性化趋势。基于智能化和移动化的背景，数字媒体技术应用越来越便捷、越来越普惠大众。依托数字媒体平台，个性化的自媒体成为媒体传播的一种重要形式。个人用户快速成为媒介传播的核心角色，抖音（国际版为 TikTok）在 5 年内迅速发展为世界应用量最大的 App（Application，应用程序）之一就是典型的案例。

（4）虚拟化趋势。随着 5G 和 6G 通信技术的发展和应用，网络容量和传输速率不断提升，基于大数据、物联网、云计算、人工智能技术，时空互联将成为数字媒体新的发展目标，虚拟现实（VR）、增强现实（AR）和混合现实（MR）等技术的发展突飞猛进，数字孪生、元宇宙等时空应用将进入人们的生活。

1.1.4　数字媒体的关键技术

数字媒体信息的获取、存储、处理和传输需要多种相关技术的支持，其技术水平决定了数字媒体技术的整体发展。数字媒体技术主要包括数据压缩/解压缩技术、数据存储技术、数字视听技术、移动终端技术和移动通信技术等。

1. 压缩/解压缩技术

数据压缩技术是数字媒体技术最重要的组成部分之一。声音、图像和视频等数字媒体信息的数据量非常大，给计算机的存储和传输都带来了极大的困难。例如，对于采样频率为 44.1kHz，量化位数为 16 位的 3min 立体声音乐，其数据量为

$$44100×16×2×3×60/8=31752(KB)$$

可见，存储这首 3min 的音乐大约需要 31MB 的存储空间。

再如，未经压缩的 4K 超高清视频，分辨率为 3840×2160 像素，每秒播放 25 帧，像素深度为 24bit，则 1min 视频的数据量为

$$3840×2160×25×24/8×60=34.8(GB)$$

那么一个 1TB 的硬盘只能存储不到 30min 的视频数据。因此，压缩和解压缩技术对于数字媒体信息的存储和传输都至关重要。

（1）数据压缩的基本原理

在数据压缩技术的研究中人们发现，数字媒体信息中的一些原始数据存在着很大的冗余，例如，文档中常常出现某些重复的字符，图像中常常有色彩均匀的背景，电视信号相邻两帧图像之间可能只有微小的差异，声音信号有时具有一定的规律性和周期性等。通过一定的方法和手段可以将这些冗余数据去除或屏蔽掉，同时并不影响对这些数据的使用，这就实现了对数据的压缩。例如，一个文本文件中记录了如下字符串：

　　　AAAAAARRRRTSSSDEEEEEEEEE

如果将连续相同的字符用重复次数和单个字符来表示，就实现了数据压缩：

　　　*6A*4RT*3SD*9E

以上方法去除了连续重复的冗余数据。实际上，冗余数据包含空间冗余、结构冗余、知识冗余、视觉冗余、统计冗余、信息熵冗余等很多类型，去除这些冗余数据的手段和方法也有所不同，因此产生了多种多样的压缩算法。

（2）无损压缩和有损压缩

数据压缩的方法有很多种，根据压缩前、后的数据是否丢失可分为无损压缩和有损压缩。

① 无损压缩。压缩时不丢失数据，压缩数据还原之后与原始数据完全一致，常用于文本、数据以及应用软件的压缩，以保证完全地恢复原始数据。这种方法的压缩比较低，一般为 2∶1～5∶1。常用的无损压缩算法有霍夫曼算法、LZW（串表压缩）算法等。

② 有损压缩。压缩时丢失部分数据，而损失的数据不能再恢复。这种方法是不可逆的，压缩数据在还原后与原始数据不完全一致。这种方法的压缩比较高，可以达到100：1～400：1，多用于对声音、图像、视频等的压缩。常用的有损压缩算法有预测编码和变换编码等。

（3）数字媒体的数据压缩标准

数字媒体的数据压缩标准主要包括静态图像压缩标准 JPEG（Joint Photographic Experts Group）和音/视频的压缩标准 MPEG（Moving Picture Experts Group）及 H.264、H.265。

① JPEG 标准：JPEG 采用以离散余弦变换（DCT）为核心的有损压缩算法，是静态图像压缩的国际标准。JPEG 在获得极高的压缩比的同时能够保证较高的图像质量，压缩比通常为10：1～40：1。压缩比越大，图像质量越低。2001 年，JPEG2000 标准被公布。在文件大小相同的情况下，使用 JPEG2000 标准能够获得比 JPEG 标准质量更高的图像。

② MPEG 标准：MPEG 是针对运动图像而设计的能够保证高质量画面的压缩算法，包括 MPEG-1、MPEG-2、MPEG-4、MPEG-7 和 MPEG-21，是关于音/视频压缩的国际标准。其基本方法是在单位时间内采集并保存第 1 帧信息，然后存储其余帧中相对于第 1 帧发生变化的部分，以达到压缩的目的，其压缩比较高，可达 50：1。

③ H.264 和 H.265 标准：两者都是音/视频编码标准。H.264 是 ITU-T 与 MPEG 合作制定的视频编码标准，属于 MPEG-4 家族的一部分，强调更高的压缩比和传输的可靠性，能以低于 1Mbit/s 的速度实现标清数字图像的传送，压缩比为 150：1 左右，在数字电视广播、实时视频通信、网络流媒体传输等领域具有广泛的应用。H.265 是 ITU-T 继 H.264 之后制定的视频编码标准，旨在有限带宽下传输更高质量的网络视频，其仅需 H.264 一半的带宽即可播放相同质量的视频，压缩比约为 300：1。基于 H.265 技术，智能手机和平板电脑等移动设备可在线播放 1080P（P 意为逐行扫描）的全高清视频。H.265 标准还支持 4K 和 8K 超高清视频。

2. 数据存储技术

数字媒体信息包含的大量数据对于存储设备的要求越来越高。根据记录方式不同，数据存储技术可以分为磁存储技术、光存储技术、闪存技术。

（1）磁存储技术

磁存储技术是采用磁介质作为存储设备的技术。最常见的磁存储设备是个人计算机中的机械硬盘、服务器中的磁盘阵列及外接的可移动机械硬盘。

（2）光存储技术

光存储技术是通过光学方法读/写数据的一种存储技术。其代表产品为光盘。由于其用聚焦的氢离子激光束处理记录介质的方法存储和再生信息，因此又称激光光盘。光盘主要有 CD、DVD 和蓝光光盘等几种类型。

（3）闪存技术

闪存（Flash）以单个晶体管作为二进制数据的存储单元，是具有高效读/写速度的非易失性存储器。闪存是纯电子器件，允许多次擦写。闪存可以分为 NOR（或非）和 NAND（与非）两种类型。NOR 类型的闪存类似于内存，有独立的地址线和数据线，基本存储单元是 bit（位），用户可以随机访问任何 1bit 的信息。NAND 类型的闪存以页为存储单元，其性能特点更像硬盘，适合存储大容量数据。

基于闪存技术的存储设备是当前存储领域的主流应用，代表性的设备有 U 盘和固态硬盘。两者都是由主控芯片结合闪存芯片组成的，主控芯片负责运算分配，闪存芯片负责数据存储。

3. 数字视听技术

数字媒体信息的主要表现形式是文本、声音、图形、图像、动画和视频，数字视听技术是对这些内容进行创作和编辑的技术。主要数字视听技术介绍如下。

（1）数字音频技术

数字音频技术是一种利用数字化手段对声音进行录制、存储、编辑、压缩、播放的技术，它是基于数字信号处理技术和计算机技术发展形成的数字化音频处理手段。模拟音频信号在传输时容易受到外界干扰，抗噪声能力差，如自然界的雷电、工业机械、家用电器都会对模拟音频信号造成干扰。数字音频技术由于采用脉冲编码调制等方法，因此信号抗干扰能力很强，传输衰减小，接收端可纠错，编辑简单。数字音频技术为音频处理工作带来了低成本、高效率和高质量，也为音频领域带来了质的飞跃。

（2）数字图像技术

数字图像技术是指将图像转换为数字信号并利用计算机对其进行处理的一种技术，包括图像增强、去噪、分割、复原、编码、压缩、特征提取等。数字图像处理过程中的存储、复制及传输环节不会引起图像质量的改变。在数字媒体领域，图像是用户最容易接受的信息表现形式，因此利用数字图像技术提高图像质量以及用户视觉体验是数字媒体技术中最重要的内容。

（3）数字动画技术

动画是通过连续播放一系列画面而产生的动态视觉。从制作技术看，动画可以分为手工绘制为主的传统动画和利用计算机技术辅助制作的数字动画。传统动画可以分为手绘动画和模型动画。数字动画技术的基本实现思路是利用计算机技术替代手绘以及替代颜料、画笔、制模工具。另外，数字动画技术也指通过数字化方式创作具有一定情节、结构和任务关系的动画作品，其广泛应用于电影、电视、计算机、手机等。

（4）数字视频技术

数字视频技术是指将动态影像以数字信号的方式进行捕捉、记录、处理、存储和传输的技术。高清影视、在线视频会议、远程教学、远程医疗、远程监控等现实应用都是在网络中传输的高质量数字视频。数字化视频在移动通信网络或计算机网络中传输时，信号不易受干扰，受距离影响小，能够大幅度提高视频品质。此外，数字视频压缩技术也推进了视频存储、画面检索、信息安全保密和控制技术的发展，使得数字视频技术发展为数字媒体技术的前沿。

4. 移动终端技术

移动终端是指可以在移动中使用的设备，主要指智能手机和平板电脑。数字媒体技术需要更多地适应和支持移动通信及移动终端。数字图像、数字动画、数字视频等技术和内容都需要利用移动终端技术实现对触摸交互、智能语音等的支持。

（1）触摸交互

触摸交互技术是移动终端的主要交互技术。其利用电压、电流、声波或红外线等感应手指或其他介质接触屏幕的位置坐标，然后将坐标位置传送给中央处理器（CPU），最后控制输出命令。用户在实际应用中的行为需求与操作，如扩大界面、滑动声控等，是面向移动终端的数字媒体交互设计的重点。例如，在数字动画设计的过程中，移动终端上呈现的动画提高了参与性和互动性，可以让用户看动画、玩游戏，这就需要设计者预测用户的操作行为，尽可能不打破用户的使用习惯。

（2）智能语音

智能语音技术是媒介融合背景下新兴数字媒体平台运用较多的一种人工智能技术。相比文字和其他介质，语言能力与大脑的连接最为紧密，对思想的表达比其他介质更直观。智能语音技术可以简单理解为让计算机可以像人类一样聆听和说话，进而理解和思考的技术。主要涉及语音识别、语音合成、语音唤醒、关键词检测、自然语言理解、对话管理、自然语言生成等多方面的综合应用。智能语音技术目前已经广泛应用于手机、平板电脑等移动终端中。智能车载系统、智能家居、智能可穿戴设备、VR/AR、智能手表等也都将语音设置为交互的入口。

5. 移动通信技术

移动通信是针对移动用户的通信方式，通信的双方至少有一方是在移动环境中进行信息交互的。移动通信技术发展至今经历了 5 个时代，即从第一代（1st Generation，1G）移动通信技术到目前第五代（5th Generation，5G）移动通信技术。

1G 开始于 20 世纪 90 年代，是一种蜂窝电话通信标准，主要提供模拟语音服务。

2G 以数字技术为主，以 TDMA（数字时分多址）技术以及 CDMA（码分多址）技术为基础，采用全球移动通信系统（Global System for Mobile Communication，GSM），并在此基础上使用通用分组无线（General Packet Radio Service，GPRS）技术，实现 WAP 浏览、邮件接收等功能。

3G 是无线通信技术与互联网技术相结合的技术，支持语音通信、数字媒体信息通信和宽带信息通信。使用 3G 技术的系统可以称为数字媒体通信系统，在网络视频、数字媒体服务等方面突显了优势，推动了宽带上网、视频通话、电子商务、移动电视和移动办公等领域的发展。

4G 服务涵盖了宽带无线固定接入、交互式广播网络、无线局域网、移动宽带、3G 等服务，可以传送高质量音频、图像和视频影像。4G 时代，数字视频应用的拓展迅速，推动了微信、抖音等数字媒体平台的高速发展。

5G 是以毫米波为基础的低频、短距离接入技术，在信号的覆盖范围以及信息传播的安全性、可靠性等方面具有突出的优势。理论上，5G 信号的传输速率能达到 4G 信号的 100 倍甚至更高。由于 5G 的数据处理能力非常强大，传输带宽也非常大，达到了人工智能对数据传输和交互的要求，使得虚拟现实、超高清视频应用成为可能，并将推动智能制造、无人驾驶、智能电网和远程医疗等行业应用的快速发展。

1.2　数字媒体计算机系统

　　数字媒体计算机系统由数字媒体硬件系统和软件系统组成，能够实现数字媒体信息的逻辑关联、获取、编辑和存储，灵活地调度和使用数字媒体信息，使之与硬件协调工作。数字媒体计算机系统使用的不是单一的技术，而是将多种技术综合应用到一个计算机系统中，实现信息输入、信息处理、信息输出等多种功能。

1.2.1　数字媒体计算机硬件系统

　　数字媒体计算机硬件系统主要包括基本设备和外围设备。其中，基本设备就是数字媒体计算机，它是数字媒体计算机硬件系统的核心，可以是一台工作站，也可以是一台高性能个人计算机，基本配置包含主机（CPU、主板、内存、硬盘、显卡、声卡）、显示器以及键盘和鼠标等。由于数字媒体信息包含各种类型的信息，因此数字媒体计算机对接口设备和存储设备有较高的要求。下面分别介绍数字媒体计算机的接口设备、存储设备和外围设备。

1. 接口设备

　　接口设备主要包括声卡和显卡。

　　（1）声卡

　　声卡是实现声波与数字信号相互转换的硬件。声卡能够提供音频信号的输入、输出功能并对音频信号进行处理。一般来说，一块完整的独立声卡由控制芯片、数字信号处理器和编码-解码器（CODEC）三部分组成。控制芯片是声卡的核心，负责处理和控制音频信号，声卡能够支持哪些功能主要取决于控制芯片。数字信号处理器（Digital Signal Processor，DSP）是声卡中的加速芯片，负责对音频信号进行运算，然后生成各种音效。部分 DSP 具有辅助 CPU 进行解码运算的功能，如 MP3 解码、杜比数字音频信号解码等。一些集成声卡省略了 DSP，直接利用 CPU 来完成这些工作。CODEC 是 Coder-Decoder 的缩写，它负责数字信号与模拟信号之间的互相转换，实现将模拟的音频信号转换为数字的音频信号和将数字的音频信号转换为模拟的音频信号。通常，CODEC 的好坏将关系到声卡音质的好坏。

　　（2）显卡

　　显卡（也称显示卡）是显示器与主机之间连接的接口和桥梁，通过总线接口与主板进行连接，其主要功能是接收和传送各种图形图像数据，并将处理后的数据传输至显示器中生成画面。显卡是数字媒体计算机的一个重要组成部分，其质量对于图形图像设计非常重要。显卡主要包含 4 部分：GPU、显存、显卡 BIOS、RAMDAC。GPU（Graphic Processing Unit，图形处理器）是显卡的图形处理芯片，使得显卡在处理 3D 等复杂图形图像时，减少对 CPU 资源的消耗和依赖，提高图形图像的处理速度。显存的主要功能是暂时存储显卡要处理的数据和处理完毕的数据。图形图像数据量越大，复杂度越高，需要的显存空间也就越多。显卡 BIOS 主要用于存放显卡与驱动程序之间的控制程序，另外还存有显卡的型号、规格、生产厂家及出厂时间等信息。早期的显卡 BIOS 是固化在 ROM 中的，不可以修改，现在多数显卡采用 Flash BIOS，可以通过专用的程序进行改写或升级。RAMDAC（Random Access Memory Digital/Analog Convertor，随机存取内存数模转换器）的主要作用是将显存中的数字信号转换为显示器能够显示出来的模拟信号。RAMDAC 的工作速度决定了在显存空间足够的情况下，显卡能够支持的最高分辨率和刷新率。

2. 存储设备

存储设备一般指外部存储设备，主要有机械硬盘、固态硬盘和光盘。

（1）机械硬盘

机械硬盘是磁性介质存储设备，数据存储于硬盘内腔的若干个磁盘片上。这些磁盘片一般是在以铝为主要成分的片基表面涂上磁性介质所形成的。在磁盘片的每一面上，以转动轴为轴心、以一定的磁密度为间隔的若干个同心圆被划分成磁道，每个磁道又被划分为若干个扇区，数据按扇区存放在硬盘上。在每一面上都相应地有一个读/写磁头，所以不同磁头的所有相同位置的磁道就构成了所谓的柱面。

硬盘读/写数据时，读/写磁头沿径向移动，移到要读取的扇区所在磁道的上方，然后通过磁盘片的旋转，使得要读/写的扇区转到读/写磁头的下方，执行读/写操作。磁盘在工作过程中如果受到震动，磁盘片表面就可能被划伤，磁头也可能被损坏，这都将给其中存储的数据带来灾难性的后果。硬盘的性能指标主要包括容量、接口标准、转速、缓存容量等。

（2）固态硬盘

固态硬盘（Solid State Disk 或 Solid State Drive，SSD），又称固态驱动器，是用固态电子存储芯片阵列制成的硬盘。固态硬盘由控制单元和存储单元组成。控制单元芯片是固态硬盘的大脑，其作用一是合理调配数据在各个闪存（Flash）芯片上的负荷，二是承担整个数据中转的，连接闪存芯片和外部 SATA（串行高级技术附件）接口。不同的控制单元芯片，其能力相差非常大，在数据处理能力、算法，闪存读/写上有非常大的不同，会直接导致固态硬盘产品在性能上数倍的差距。存储单元芯片主要是 NAND Flash 芯片。固态硬盘相比传统机械硬盘，其读/写速度更快，抗震性能更好，并且功耗低、无噪声、携带轻便、工作温度范围大。

（3）光盘

光盘存储技术是通过光学的方法读/写数据的一种存储技术。使用光存储技术的产品是由光盘驱动器和光盘组成的光盘驱动系统。光盘按结构可分为 CD、DVD 和蓝光光盘等几种类型，虽然具体结构有差异，但其结构原理都是一致的。CD 光盘主要分为 5 层，包括基板层、记录层、反射层、保护层和印刷层。

3. 外围设备

外围设备主要指音频、图形和图像、视频等数字媒体素材的采集设备，见表 1-1。

表 1-1　外围设备

类　型	设 备 外 观	设 备 名 称	基 本 功 能
音频设备		麦克风	麦克风是音频的输入设备，是将声音转换为电信号的能量转换器件。麦克风的质量是决定录音效果的重要因素。常见的麦克风有三种：电容麦克风、动圈麦克风和铝带麦克风
		音箱	音箱是音频的输出设备，是将音频信号变换为声音的设备，分为有源音箱和无源音箱
		耳机	耳机是个人音箱，也是音频的输出设备。耳机的发声原理与音箱相似
图形和图像设备		绘图板	绘图板也称为数位板，同键盘、鼠标、手写板一样，都是计算机输入设备。它由一块画板和一支压感画笔组成，主要用于绘画创作，可以模拟在纸面上绘画的方式
		扫描仪	扫描仪是一种图形输入设备，常用于扫描平面印刷素材。扫描仪有手持式、平板式、台式、立式和滚筒式等多种类型，扫描原理分为反射式扫描和透射式扫描两大类
		摄像头	摄像头是一种视频输入设备，广泛用于高清视频会议等。摄像头可以直接与计算机连接，便于在网络上传输图像和视频信息
		数码相机	数码相机是图像的基本采集设备。数码相机的性能指标主要有像素、感光元件、变焦、最大分辨率、光圈、ISO（感光度）和存储介质等
		打印机	打印机是图形和图像输出设备之一，用于将计算机处理的结果打印在相关介质上。衡量打印机好坏的指标主要有三项：打印分辨率、打印速度和噪声
		触摸屏	触摸屏作为一种多媒体输入设备，是目前最简单、方便、自然的一种人机交互方式。触摸屏可分为 4 种：电阻式、电容式、红外线式和表面声波式
		投影机	投影机是多媒体应用系统在公众播放环境中最重要的实现设备，主要分为 CRT 投影机、LCD 投影机和 DLP 投影机，当前的主流为 DLP 投影机。投影机的性能指标主要有亮度、对比度和输出分辨率

类　型	设备外观	设备名称	基本功能
视频设备		数码摄像机	数码摄像机也称 DV，是视频的主要采集设备。数码摄像机的性能指标主要有像素、静态有效像素、动态有效像素、光学变焦、传感器类型、传感器尺寸和存储介质
		电视机	电视机是视频的主要输出设备之一。同电影类似，电视机利用人眼的视觉残留效应显现一帧帧渐变的静止图像，形成视觉上的活动图像

1.2.2　数字媒体计算机软件系统

1. 核心系统软件

数字媒体计算机软件系统中的核心系统软件主要是指支持数字媒体技术的操作系统和支持数字媒体设备的驱动程序。其主要任务是控制数字媒体设备的使用，与硬件设备打交道，提供输入/输出控制界面程序，即 I/O 接口程序，实现对数字媒体计算机硬件、软件的控制与管理。

支持数字媒体技术的操作系统是管理计算机硬件与软件资源的系统程序，也是计算机系统的内核与基石。操作系统负责管理和配置内存、决定系统资源供需的优先次序、控制输入与输出设备、操作网络与管理文件系统等基本事务。操作系统管理计算机系统的全部硬件资源以及软件资源和数据资源，控制程序的运行，改善人机界面，为其他应用软件提供支持等，使计算机系统所有资源最大限度地发挥作用，为用户提供方便、有效、友善的服务界面。

数字媒体技术领域适合个人创作应用的操作系统主要有 Windows 和 macOS。Windows 由微软公司推出，本书所介绍的音频、图像、动画、视频和集成软件都是在 Windows 环境下使用的。不同的 Windows 版本对数字媒体软硬件的支持功能不同，当前广泛应用的版本为 Windows 10 和 Windows 11。macOS 由苹果公司推出，是Mac机（苹果计算机）的专用操作系统，在数字媒体设备市场的占有率曾经高居世界首位。苹果系列设备一直致力于面向多媒体设计和开发应用，是数字媒体专业人员主要的选择。本书所介绍的素材制作软件都有优秀的 macOS 版本。

支持数字媒体技术的操作系统还包括支持移动设备的 Android（安卓）操作系统和 iOS 操作系统。Android 是一种基于 Linux 内核的自由及开放源代码的操作系统，主要用于移动设备，如智能手机和平板电脑，并扩展应用于数字电视、数码相机、游戏机、智能手表等数字媒体设备。Android 由美国 Google 公司和开放手机联盟领导及开发，是广泛应用于世界各类移动数字媒体设备的核心操作系统。iOS 是由苹果公司开发的移动操作系统，主要应用于 iPhone、iPod touch、iPad 和 Apple TV 等苹果专属移动设备，其系统架构分为 4 个层次：核心操作系统层（Core OS Layer）、核心服务层（Core Services Layer）、媒体层（Media

Layer）和可轻触层（Cocoa Touch Layer）。其中媒体层包含的图形图像技术、音频技术和视频技术为移动设备带来了高质量的数字媒体体验。用户可以使用 iOS 的高级框架快速创建图形和动画，也可以通过底层框架访问必要的工具，开发外观和音效俱佳的数字媒体应用程序。

2. 素材制作软件

素材制作软件包括文本制作软件、音频处理软件、图像制作和处理软件、动画制作软件、视频处理软件、辅助设计工具等。由于素材制作软件各自的局限性，因此在制作和处理复杂素材时，往往需要使用几个软件来共同完成。

（1）文本制作软件。主要用于文本编辑、文字设计、排版制作等。常用的中文文本编辑软件有基于计算机应用的 Microsoft Office 和 WPS Office，其中 Word、Excel、PowerPoint 使用较多，当前它们也都支持云应用。macOS 有专属的 Pages、Kyenote 和 numbers 应用。文字设计软件是制作特殊字体或者艺术文字的常用软件，如经典的字体设计软件 FontCreator、艺术字体设计工具 EduFont 和中文设计字体大全。设计者可以自行设计字体，也可以安装已有的文字字库。排版制作可以使用面向计算机的传统文本编辑器，也可以使用面向移动设备的排版编辑器，例如，微信公众号的编辑排版工具 135 编辑器、秀米、96 微信编辑器、i 排版、新媒体管家等。

（2）音频处理软件。主要用于把声音数字化，并对其进行编辑加工、合成多个音频素材、制作某种音频效果，以及保存数字音频文件等。应用比较广泛的面向计算机的软件有 Audition、Goldwave、SoundForge、Samplitude、Nuendo、Cubase、WaveCN、WaveLab 等声音编辑器。面向移动设备有支持移动设备 Android 系统的布谷鸟配音，其移动端音频编辑工具的功能非常全面，智能配音、音频裁剪、格式转换、变调变速、音频变声、音频压缩、音频混合、立体声合成分离等都能够实现；另外，还有支持移动设备 iOS 系统的 Grageband 等。

（3）图像制作和处理软件。主要用于制作、获取、处理和输出图像，主要用于平面设计、数字媒体产品设计、广告设计等领域。当前，面向计算机的软件有 Photoshop、Illustrator，在线处理的软件有易图、创客贴、Fotor 懒设计等，面向移动设备的美图秀秀等应用也非常广泛。

（4）动画制作软件。主要用于动画绘制、编辑和处理。这类软件具有丰富的图形绘制和上色功能，并具备动画自动生成功能，是原创动画的重要工具。例如，二维动画设计软件 Animate、三维动画设计软件 Maya、三维造型与动画软件 3D MAX、Mudbox，人体三维动画制作软件 Poser 等。此外，也有在线动画制作工具，如 Makeagif、GifCam、Gif 工具之家等。

（5）视频处理软件。视频是表现力最强、承载信息量最大、内容最为丰富的媒体形式。面向计算机的视频处理软件有 Premiere、爱剪辑、视频编辑王、After Effects 等，另外，还有 macOS 专用的 iMovie、Final Cut 等，在线的快剪辑等。

（6）辅助设计工具。素材制作和设计通常需要素材获取、格式转换等应用的支持，例如，音/视频格式转换工具（如格式工厂）、语音转文本工具（如录音宝）、多功能录屏软件（如 ApowerREC）、PNG 图像压缩工具（如 Tinypng）、文件格式转换工具（如 Smallpdf）、团队合作创作的多人协作文档编辑工具（如腾讯文档和石墨文档）、多人协作制图工具（如ProcessOn）、文本分享工具（如印象笔记）、思维管理工具（如幕布、思维导图、百度脑图）等。

3. 创作平台

创作平台是指创作数字媒体产品的工作环境，是各种媒体素材的集成开发环境或应用平台。在制作数字媒体产品的过程中，通常先利用专门的软件对各种媒体进行加工和制作，当媒体素材制作完成之后，再使用某种集成开发环境把它们结合在一起，形成一个互相关联的整体。该集成开发环境还提供生成操作界面、添加交互控制、管理数据等功能。例如，传统的面向计算机的 Director 和 Authorware 等。

基于 HTML5（H5）的网页平台也广泛支持数字媒体信息发布。HTML5 是最新的 HTML标准，用于构建集文本、图形图像、视频、音频、地图、导航和产品链接等多个模块于一体的数字媒体网页平台。常用的 HTML5 编辑软件有"上线了"在线平台，还有微信可视化设计工具（如 Coolsite360）、微信小程序开发工具（如即速应用）、HTML5 设计工具（如Epub360、木疙瘩、iH5）等，以及一些简单的 HTML5 搭建工具和应用软件，如凡科网、快站、人人秀、易企秀、MAKA 等。

4. 数字媒体应用平台

数字媒体应用平台是指已开发好的数字媒体软件系统以及相应的播放系统，如各种数字媒体网站、影音播放设备和播放软件、网络游戏、电子出版物、视频会议系统等。

1.3 数字媒体作品的创作

1.3.1 创作要求

一件出色的数字媒体作品必然是技术与艺术的完美结合，在给人们带来酣畅体验的同时，也陶冶使用者的心灵。数字媒体作品必须注重交互界面设计和用户体验，它涉及计算机科学、心理学、设计艺术学、认知科学和人机工程学等许多学科领域。数字媒体作品创作的总体要求是要有明确的创作意图、鲜明的表现风格、友好的操作界面和赏心悦目的艺术效果。

（1）明确的创作意图。数字媒体作品不可避免是要陈述内容的，没有精心准备的内容规划，是不可能把作品要表达的意思说清楚的，也无从达到该作品的功能目标。

（2）鲜明的表现风格。数字媒体作品的风格、表现形式的把握是比较困难的，毕竟数字媒体作品所包含的媒体数量和种类千差万别，要做出既统一又别出心裁、符合时尚潮流的设计创意非常不易。

（3）友好的操作界面。数字媒体作品的设计者要了解用户的心理和操作习惯，而不是简单、唯美地去做设计和创作。只有在遵循规范的交互设计规则的基础上设计整个作品的UI（用户交互界面），才能使数字媒体作品被高效率地使用。

（4）赏心悦目的艺术效果。在数字媒体作品界面的呈现和转换过程中，要求表现形式丰富，视觉、听觉感受流畅，具有赏心悦目的艺术效果。

1.3.2　创作流程

开发数字媒体作品，特别是大型数字媒体作品，是一项系统工程，需要规划设计人员、素材制作人员、交互设计人员等各类人员通力合作来共同完成。开发数字媒体作品时，也要遵循软件工程的开发思想。数字媒体作品的一般创作流程如图 1-1 所示。

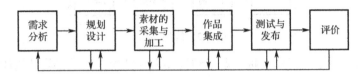

图 1-1　数字媒体作品的创作流程

其中，需求分析是指根据主题确定作品要达到的目标，并分析其必要性和可行性。规划设计是根据需求分析，确定一个清晰可行的设计方案。然后根据设计方案的具体需求，采集所需要的素材（如文本、图形图像、动画、声音和视频等），并对各种素材进行加工处理。接着再利用数字媒体创作工具把处理过的素材集成为一个数字媒体作品。最后把经过测试的数字媒体作品发布出来，再通过用户的反馈和评价，不断完善作品。这个流程并不是单向的，可能会根据需要返回之前的某个阶段。

1. 需求分析

选好主题后，要对作品的需求进行分析，具体工作如下。

① 确定对象和目标：明确作品的使用对象、作品要达到的目标和效果等。

② 确定内容和形式：明确作品的内容及表现形式。

③ 明确条件与限制：根据要达到的目标和内容，分析在目前情况下能不能做到。

在作品创作中，技术上要坚持"适用"原则，即技术的运用要服从于作品创作的实际需求，同时要考虑在目前的实际水平下能否顺利完成作品的创作。

需求分析的结果是写出作品的任务计划书。该任务计划书包括以下内容：作品名称、开发目的、使用对象、内容结构、注意事项、人员分工、开发过程、运行环境、开发环境等。

2. 规划设计

要使作品吸引人就必须先对该作品进行整体规划和精心设计，并做好工作计划，然后逐步去实施。规划设计主要包括以下工作。

（1）整体规划。数字媒体作品其实更像艺术作品。在整体规划阶段，对作品的内容、链接的组织结构、艺术表现的形式、界面交互的方式都要进行规划，才能给人耳目一新的感觉，使人产生极深的印象。

（2）结构设计。对作品的创意和灵感进行梳理，设计并绘制出界面之间相互链接的框架结构，其重点解决以下几个方面的问题：作品的主要内容和内容分类；内容之间的逻辑顺序和层次关系；界面的总数量；交互设计的内容；各部分素材的需求数量、质量和效果。

框架结构可以分为两大类：线性结构和非线性结构。线性结构以主界面为起始，先进入一级子界面，再逐级向下进入各级子界面，返回时需要逐级向上返回。这类结构适用于内容较单一的作品，如图 1-2 所示。

图 1-2　线性结构

非线性结构一般分为树状结构、星形结构和混合结构三种。树状结构如图 1-3 所示，这种结构的主界面中提供多个链接分别指向多个一级界面，而各一级界面中又提供多个链接分别指向多个二级界面，逐级向下呈树状展开，返回时也需要逐级向上返回。其优点是条理分明、系统性强；缺点是浏览效率较低，由一个栏目下的子界面切换到另一个栏目下的子界面必须经由主界面。

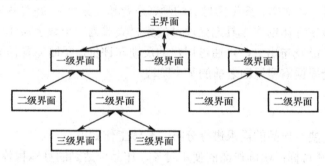

图 1-3　树状结构

星形结构如图 1-4 所示。这种结构的每个界面之间都建立链接。其优点是各界面之间的导航比较便捷，没有明显的级别区分；缺点是必须在每个界面内都占用一些平面空间来设置导航或者链接，容易造成浏览者"迷航"，降低了访问的系统性和有效性。

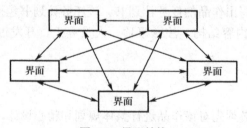

图 1-4　星形结构

混合结构如图 1-5 所示。这种结构将树状结构和星形结构混合起来使用，既增加了作品逻辑结构的条理性，又方便了界面之间的导航，可以获得比较理想的效果。

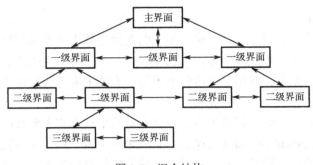

图 1-5　混合结构

（3）界面设计。界面设计旨在让作品形成一个统一的风格，以便给用户一个整体印象。成功的界面设计可以大大提高作品的可用性和可视性。界面设计要注重视觉传达，但不局限于此，应该对界面在空间和时间上进行立体构思，设计好全部场景，包括图像、文字以及控制元件等的空间摆放位置，并安排好背景音乐、解说词、音效、动画等出现的时间序列。

交互性是数字媒体作品的一大特征，交互设计的目标是建立人机沟通的桥梁，方便用户体验作品，实现人机互动，并增强用户的参与感。

（4）脚本设计。脚本是整个作品制作的蓝本和依据。如同电影剧本的设计一样，脚本的设计属于内容的设计，必须明确作品需要的文本、图形、图像、声音、动画、视频等素材，确定素材之间的关系、出现的顺序以及呈现方式。为方便素材的管理和协同设计，可以填写如表 1-2 所示的脚本设计卡片。

表 1-2　脚本设计卡片

序　号	内　容	媒 体 类 型	呈 现 方 式
		文本	
		图形	
	屏幕呈现内容	图像	
		声音	
		动画	
		视频	

制作要求和说明：

（5）工作计划。规划设计的最后一项工作，就是要根据任务量和设计人员的数量及特长，进行合理安排，编制一个可行的工作计划。

3. 素材的采集与加工

在数字媒体作品的设计过程中，素材的采集与加工是一项基础工作，如果做不好，可能会对作品的整体质量和制作进度产生不利影响。素材制作的主要工作包括以下 4 个方面。

（1）素材的采集与加工

数字媒体作品中使用的素材包括文本、声音、图形、图像、动画和视频等，需要分批分类进行采集和加工。

文本包括各种文字、符号，其采集与加工的关键是要围绕重点材料，体现设计意图，有时需要制作特殊文字效果，如字体、颜色、大小、样式等，有时还需要将特殊效果的文字以图像方式保存下来进行应用，以避免由于演示系统中未安装特殊字体库而造成字体变化，甚至版面失控。

声音包括背景音乐、旁白和音效等。声音素材的采集方式主要有：通过计算机声卡的MIDI（Musical Instrument Digital Interface）接口采集声音，通过录音软件录制声音，利用专门软件抓取光盘音乐，网络下载，使用音乐编辑软件进行创作等。声音的加工可以使用Audition等音频处理软件实现。

图形和图像的采集方式主要有：扫描图片、利用数码相机拍摄、利用数字化仪器采集、从网络下载、从图库光盘中获取、利用抓图软件（如HyperSnap、SnagIt等）抓屏等。图形和图像的加工可使用Photoshop、CorelDraw等图像处理软件实现。

动画可以在有限的版面中更加直观生动地演示事物变化的过程，以提高作品的表现力。动画的采集方式主要有：网络下载、利用格式转换工具将视频转换为平面动画素材等。动画可以使用Animate、3ds Max、Maya、Unity 3D等软件进行创作和处理。

视频素材在数字媒体作品创作中占有非常重要的地位。视频素材的采集方式主要有：使用摄像机拍摄、网络下载、利用专门软件录屏等。视频的加工可以使用Premiere、After Effects等编辑和特效制作软件实现。

（2）素材的检查

利用工具软件对所有素材进行检查。对于文字，主要检查用词是否准确、有无拼写错误或其他纰漏等；对于图像，侧重于检查画面分辨率、显示尺寸、色彩数量、图像格式；对于动画和音乐，主要检查时间长度是否匹配、声音是否存在爆音问题、动画画面的调度是否合理等。

（3）素材的优化

由于数字媒体作品中使用的素材种类多、数据量大，如果未经优化而直接将素材集成为数字媒体作品，会加大系统的负荷，影响运行效率。素材优化就是在原有素材品质和用户体验不受显著影响的前提下，尽可能减少素材的数据量，例如，调整图像的大小、分辨率，降低音频的采样频率，减小动画的帧速率等。必要时还需要转换素材的格式。

（4）素材的备份

素材是整个作品创作的基础，素材的制作花费了大量的时间和精力，应该做好备份，以避免不必要的损失。具有原始工程文件的素材也应该妥善保存起来，方便日后进行修改以及其他作品参考。

4. 作品集成

数字媒体作品的集成就是按照作品的设计方案，使用数字媒体创作工具，将已经准备好的素材或制作好的功能板块集成为一个完整的作品。数字媒体作品的集成不必拘泥于传统的系统开发流程，建议多采用"原型"法。所谓"原型"法，是指在创意的同时或创意基本完成之时，就采用少量最典型的素材针对少量的交互性进行模拟版制作。这是因为数字媒体作品的制作有时会受多种环境因素的影响,存在一定的变数和不确定性。一般来说,大规模的正式制作必须在模拟版获得确认之后方可进行。

5. 测试与发布

数字媒体作品正式发布前要经过严格的测试,测试工作一般包括内容正确性测试、系统功能测试、安装测试、执行效率测试、跨平台兼容性测试、内部人员测试、外部人员测试等。根据反馈的意见,可能需要修改脚本描述、修改素材等,最后重新进行整合和调试,再进行新一轮的测试。这个过程通常需要反复多次才能完成。

经过测试的数字媒体作品必须以某种媒介形式发布出来,交付给用户。发布的方法一般有两种:一种是打包,生成可以运行或播放的文件;另一种是网络发布,生成可以在浏览器或者移动端设备上访问的媒体格式。

需要注意的是,完整的数字媒体作品还应该包括用户手册、帮助等配套文档。

习题 1

1. 从以下答案集合中为每小题选择一个正确的答案,将其字母编号填入相应空格。答案集合如下:【上海市高等学校信息技术水平考试 2021 年试题】

A. 介质	B. 信息	C. 编码	D. 技术
E. 平面	F. 组合	G. 流式	H. 显示
I. 压缩存储	J. 信息融合	K. 人机交互	L. 编译程序
M. 数字	N. 模拟	O. 物理	P. 逻辑
Q. 渗透性	R. 屏蔽性	S. 集成性	T. 随机性

媒体是指承载 (1) 的载体,可以分为感觉媒体、表示媒体、存储媒体、传输媒体和 (2) 媒体。数字媒体技术是指计算机综合处理多种媒体信息,在文字、图像、图形、动画、音频、视频等多种信息之间建立逻辑关系,并将多媒体设备集成为一个具有 (3) 性能的应用系统的技术。数字媒体技术所处理的对象是采用 (4) 形式存储的,具有信息载体多样性、交互性、 (5) 和实时性。

2. 从以下答案集合中为每小题选择一个正确的答案,将其字母编号填入相应空格。答案集合如下:【上海市高等学校信息技术水平考试 2017 年试题】

A. PCM	B. 漂移	C. 预测	D. 原样
E. $A4$G2$D3$H2$A2	F. $A6$G2$D3$H2	G. $4A$2G$3D$2H$2A	H. $6A$2G$3D$2H
I. 1:1~4:1	J. 5:1~40:1	K. 100:1~400:1	L. 1000:1~4000:1
M. RTP/RTCP	N. RTSP	O. RSVP	P. MMS
Q. 带宽	R. 霍夫曼	S. 吞吐量	T. 抖动

数据压缩技术是多媒体技术重要的组成部分之一,其基本思想是去除或减少原始数据

中存在的冗余，根据压缩后数据经过转换能否完全恢复为原始数据，可分为无损压缩、有损压缩，无损压缩包含 (1) 编码、行程编码、算术编码等，若采用行程编码技术对字符串"AAAAGGDDDHHAA"进行编码，控制符为$，则编码结果为 (2) 。对于图像、声音、动态视频等数据的压缩，有损压缩可较大地提高压缩比，动态视频数据的压缩比最为可观，采用混合编码的多媒体系统，压缩比通常可达 (3) 。压缩后的多媒体数据在互联网上发布或者传播，须采用合适的协议， (4) 协议是用来访问并流式接收 Windows Media 服务器中 ASF 文件的一种协议。多媒体通信服务质量的关键指标包括可用性、 (5) 、时延、时延变化和丢包。

第2章

数字音频处理技术

人类能够听到的所有声音都属于音频。无论是说话声、歌声、乐队演奏声等人类产生或制作的声音，还是自然界的各种声音，以及令人反感的噪声都属于音频的范畴。在数字媒体应用领域，音频处理是指利用数字媒体设备将声音录制下来，包括各种声学特性，如音色和音高等，然后以文件的方式存储在数字介质里，并且可以对音频文件进行剪辑、合成、去噪、加音效等加工操作，以满足影视配音、配乐等应用需求。本章将首先简述音频技术的基础知识，然后以音频处理软件 Adobe Audition 为例讲述在数字媒体项目中如何实现音频处理。

2.1 数字音频技术基础

2.1.1 声音的特点

1. 声波

声音是振动的波，是随时间连续变化的物理量，也称声波。自然界的声音都是模拟信号。声波有三个重要的指标：振幅、周期和频率。

① 振幅：振幅是声波振动的幅度。振幅表示声波的强弱，振幅越大则声波越强，音量也就越大。

② 周期：声波完成一次全振动的时间，以 s（秒）为单位。

③ 频率：声波每秒振动的次数，以 Hz（赫兹）为单位。从听觉的角度，频率可以表示声音的音调高低，频率越高则音调越高。

2. 声音的可听域

频率是声音的重要参数。音乐、说话声及自然界的各种声音都具有各自的频率范围。声音的频率范围称为频域或频带，不同的声源具有不同的频带。一般而言，频带越宽则声音表现力越好。人耳可听到的声音的频率范围是有限的，一般在 20Hz～20kHz 之间，称为可听域。频率低于 20Hz 的声音称为次声，高于 20kHz 的声音称为超声。不同声源的频带宽度差异很大，因此听觉感受有所不同。例如，女性声音的频带与男性声音的频带不同，在听觉感受上，女性声音的音调更高，声音更细。数字媒体技术主要处理可听域的声音。

3. 声音的三要素

从听觉的角度，声音具有音调、音色和音强三个要素。通常，听觉所能够感受的声音的质量主要取决于这三个要素。

① 音调：音调代表声音的高低，是由声波振动的频率所决定的，频率高，则音调就高，反之亦然。使用音频处理软件对声音进行处理时，可以通过调整声音的频率实现对音调的改变。

② 音色：音色表示声音的特色。各种声源都具有自己独特的音色，例如，不同的人会发出不同音色的声音，人们就是依据音色来辨别不同声源的。

声音分纯音和复音两种类型。纯音是指振幅和周期均为常数的声音，复音则是由不同频率和不同振幅的声音混合在一起的声音，自然界的大部分声音是复音。在复音中，频率最低的声音称为基音，是声音的基调；其他频率的声音称为泛音或谐音。复音的音调是由基音的频率决定的，而音色主要决定于泛音的多少。各种乐器发出的声音有很大差别，主要是它们所发出的声音中包含了各种不同频率的泛音，因此我们可以分辨出钢琴、小提琴或萨克斯。

③ 音强：音强表示声音的强度，与声波的振幅成正比，以 dB（分贝）为单位。振幅越大，则声音的强度越大。

音强也被称为声音的响度或音量。当声音录制完毕后，声音的音强即随之确定，播放设备的音量控制只能够改变听觉感受到的音强。

2.1.2 数字音频技术

自然界中的声音都是模拟信号，为了能够利用计算机表示和处理声音，必须进行声音数字化，即用数字表示声音。数字化的声音称为数字音频。

数字音频不仅包含自然界中的所有声音，还可以利用计算机进行处理，如编辑、合成、调整频率等，从而获得自然界中没有的声音。数字音频能产生更丰富的效果和气氛，对于数字媒体的展示、电影的制作等都非常重要。

（1）声音的数字化过程

声音的数字化过程包括采样、量化和编码三个步骤。

① 采样：采样是指将声音在时间上进行离散化，即每隔一定的时间间隔对声波的振幅进行一次取值。采样的时间间隔称为采样周期。

② 量化：量化是指对采样后的声音信号在幅值上进行离散化，按幅值大小划分为不同的等级，然后将声音信号的振幅用对应等级的值代替。如果等级划分是等间隔的，则称为线性量化，否则称为非线性量化。

③ 编码：编码是指采用一定的格式将量化后的数值用二进制代码表示。为了减少数据量，在编码过程中通常采用多种压缩算法，即压缩编码技术。

（2）数字音频的质量

经过采样、量化和编码处理后的信号才是真正的数字音频信号。数字音频质量的好坏主要取决于采样频率、量化位数、声道数及编码算法等因素。

① 采样频率：采样频率是每秒采样的次数。采样频率越高，离散的数字声音波形越接近原始声音波形，保真度越高，质量越好，但是数据量越大。奈奎斯特理论指出，采样频率不应低于原始声音波形最高频率的两倍，这样就能把以数字形式表达的声音还原为原来的声音。例如，人听觉的频率上限在 20kHz 左右，为了不发生失真，采样频率一般为 44.1kHz。

② 量化位数：量化位数是每个采样点能够表示的数据范围，单位为 bit（位）。量化位数决定了量化等级，即将声音信号的幅值划分为多少个不同的等级。常用的量化位数有 8bit、16bit 和 24bit。16bit 量化位数表示 2^{16} 个量化等级，将声音信号在幅度值上划分为 65536 个量化值，然后将具体的每个采样值归为最接近的量化值。量化位数越大，则划分的等级越多，量化精度越高，量化后的声音越细腻，越接近原始声音，但数据量也越大。

③ 声道数：声道数是声音通道的个数，即一次采样的声音波形个数。单声道一次采样一个声音波形，双声道一次采样两个声音波形，又称为立体声。立体声需要两倍于单声道的存储空间。面向 HDTV（高清晰度电视）应用的杜比数字（Dolby Digital）系统（或称 AC-3）和数位影院系统（Digital Theater Systems，DTS）等多声道系统的音频数据量更大，例如，5.1 多通道包括 5 个环绕声道（左前、前中、右前、左后和右后声道）和 1 个重低音声道。

④ 编码算法：编码算法是编码过程采用的压缩算法。为了减少数据量，量化后的音频数据在编码过程中往往需要进行压缩。不同的编码算法具有不同的应用范围。

在数字媒体应用中，可以对采样频率、量化位数、声道数以及编码算法进行调整和选择，以满足不同应用对于数字音频质量的需求。音质越好，音频文件的数据量就越大。音频文件数据量（单位为 B）由如下公式计算：

$$数据量 =（采样频率×量化位数）÷8×声道数×时间÷压缩比$$

式中，采样频率的单位为 Hz，量化位数的单位为 bit，时间的单位为 s。

【例 2-1】 数字激光唱盘 CD-DA 的标准采样频率为 44.1kHz，量化位数为 16bit，立体声，无压缩。计算每分钟 CD 音乐的数据量是多少？

$$数据量 =(44100×16)÷8×2×60÷1≈10(Mbit)$$

【例 2-2】 一首长度为 3min 的 MP3 音乐，采样频率为 44.1kHz，量化位数为 16bit，立体声，压缩比为 10：1。计算这首音乐的数据量是多少？

$$数据量 =(44100×16)÷8×2×3×60÷10≈3(Mbit)$$

2.1.3　数字音频格式

音频在计算机中是以文件形式存储的，有很多种不同的音频格式。这是由于制作数字音频时使用的采样频率、量化位数不同，尤其在编码过程中采用的算法也不同，即编码方式不同。原则上，不同的音频格式需要不同的播放器。实际上，目前常用的音频播放器大都可以支持多种音频格式。不同的公司自主研究和开发了不同的编码压缩算法，形成了多种广泛应用的音频格式，表现为音频文件的后缀名不同，如.wav、.mp3、.wma 等。其中常用的音频格式介绍如下。

（1）WAV 格式：WAV 格式是微软公司开发的一种音频格式，也称为波形格式，是最早的数字音频格式。WAV 格式支持许多压缩算法，支持多种量化位数、采样频率和声道数。WAV 格式的音质很好，但是占用存储空间很大，不利于交流和传播。

（2）MIDI 格式：MIDI（Musical Instrument Digital Interface，乐器数字接口）是电子乐器与计算机之间数据通信的规范，可以通过计算机控制与之相连的外部乐器。MIDI 格式不包含任何音频信息，文件中存储的是一些指令和数据，如音量、乐器音色、节拍、力度、音长等信息，由计算机声卡按照指令将要演奏的声音重新合成出来，因此占用的存储空间很小。

（3）CDA 格式：CDA 格式是 CD 音乐格式，采样频率为 44.1kHz，量化位数为 16bit。CDA 格式存储时采用音轨的形式，记录的是波形流，是一种近似无损的格式。

（4）MP3 格式：MP3 是 MPEG-1 Audio Layer 3 的简写。MP3 格式能够以高音质、低采样频率对音频进行压缩，压缩比通常可达 10：1～12：1。由于 MP3 格式能够在保持优秀音质的情况下，将 WAV 格式等容量较大的音频压缩得更小，因此它是当前使用最广泛、最流行的音乐格式。

（5）MP3Pro 格式：MP3Pro 格式可以在基本不改变文件大小的情况下改善 MP3 格式的音质，能够在使用较低压缩比的情况下，最大限度地保持原有音质。

（6）WMA 格式：WMA（Windows Media Audio）是微软公司开发的网络音频格式，以减少数据流量但保持音质的方法实现更高的压缩比，其压缩比一般可以达到 18：1。WMA 格式可以防复制、限制播放时间或播放次数，有利于防止盗版。

（7）MP4 格式：MP4 格式采用以感知编码为关键技术的压缩技术。MP4 格式在文件中采用了保护版权的编码技术，只有特定的用户才可以播放。MP4 格式的压缩比可达到 15：1，文件体积较 MP3 更小，但音质却没有下降。

（8）QuickTime 格式：QuickTime 格式是苹果公司推出的一种数字流媒体格式，它面向视频编辑、网站创建和媒体技术平台，支持几乎所有主流的个人计算平台。

（9）DVD Audio 格式：DVD Audio 格式是新一代的数字音频格式，与 DVD Video 格式的尺寸和容量相同，是音乐格式的 DVD，可容纳 74 分钟以上的音频，整体效果优秀。

（10）MD 格式：MD 是 Minidisk（迷你光盘）的缩写，是 Sony（索尼）公司的一种音频格式。采用 ATRAC 算法，可以在一张 MD 中存储 60～80 分钟的采样频率为 44.1kHz 的立体声音乐。

（11）RealAudio 格式：RealAudio 格式是由 Real Networks 公司推出的一种音频格式，其最大的特点就是可以实时传输音频数据，尤其是在网速较慢的情况下，仍然可以较为流畅地传送音频数据。现在的 RealAudio 格式主要有 RA、RM、RMX 三种，这些格式的共同点在于能随着网络带宽的不同而改变音频的质量，在保证大多数人听到流畅声音的前提下，使带宽较大的听众能获得更好的音质。

（12）VOC 格式：VOC 格式常用在 DOS 程序和游戏中，它是随声卡一起产生的数字音频文件，与 WAV 格式的结构相似，可以通过一些工具软件方便地互相转换。

（13）AU 格式：AU 格式是应用于互联网上的数字媒体音频格式。AU 格式是 UNIX 操作系统下的数字音频格式，由于早期 Internet（因特网）上的 Web 服务器主要是基于 UNIX 的，所以这种格式成为当时 WWW 上唯一使用的标准音频格式。

（14）MAC 格式：MAC 格式是苹果公司开发的音频格式，被 Macintosh（苹果操作系统）平台和多种 Macintosh 应用程序所支持。

（15）AAC 格式：AAC 是高级音频编码的英文缩写。AAC 格式是 MPEG-2 标准的一部分。AAC 格式采用的音频算法在压缩能力上远远超过了以前的一些压缩算法（如 MP3 等）。它还同时支持多达 48 个音轨、15 个低频音轨以及更多种采样频率和压缩比，具有多种语言的兼容能力、更高的解码效率。AAC 格式文件可以在比 MP3 格式文件小 30%的前提下提供更好的音质。

2.1.4　数字音频格式转换实例

不同格式的音频文件具有不同的特点，可能需要不同的播放软件以及不同的应用环境。要将音频文件发布到其他的应用环境中，往往需要进行格式转换。例如，在网络上发布音乐需要将文件格式转换为 MP3、WMA 等格式，制作手机铃声则需要将文件格式转换成该手机能够兼容的格式。因此，根据不同的需要，要进行音频格式转换。

音频格式转换的原理是，先用解码器将音频文件解码成波形，然后用新的编码器进行编码。目前，有很多种音频格式转换工具，例如，专业的音频格式转换工具 Awave Studio、音频编辑软件 Audition 等都具有音频格式转换的功能，也可以使用轻便型的数字媒体格式转换工具，如格式工厂等。

【例 2-3】　使用格式工厂将 MP3 音乐格式转换为 WMA 音乐格式。

1）启动格式工厂，在主界面左侧选择"音频"选项卡，如图 2-1 所示。

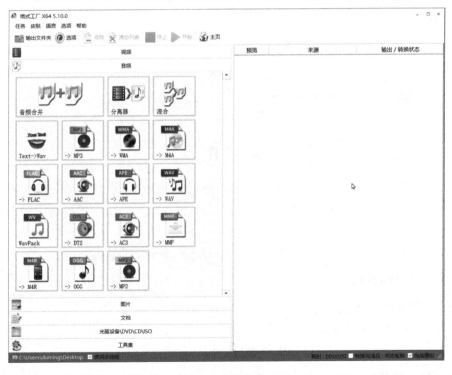

图 2-1　主界面

2）在音频转换列表中单击"->WMA"项，弹出 WMA 转换设置窗口，如图 2-2 所示。

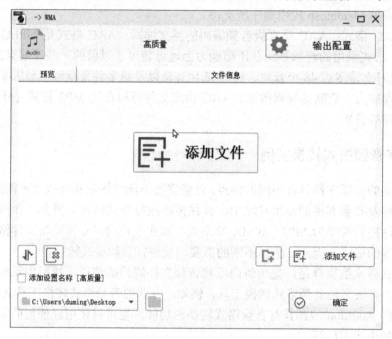

图 2-2　WMA 转换设置窗口

3）单击"添加文件"按钮，添加 Childhood Memory.mp3 文件，如图 2-3 所示。

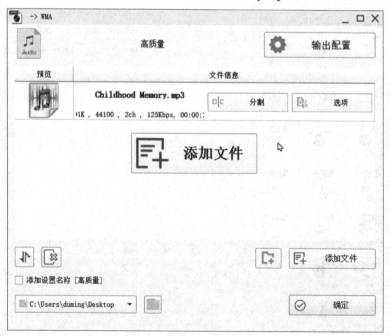

图 2-3　添加文件

4）单击"输出配置"按钮，打开"音频设置"对话框，按图 2-4 设置采样（频）率、比特率、声道和音量。

图 2-4　"音频设置"对话框

5）单击"确定"按钮，返回主界面，在右侧将出现相应的任务信息。

6）单击工具栏中的"开始"按钮，执行转换操作，转换完成后，结果如图 2-5 所示。此时，单击工具栏中的"输出文件夹"按钮，可以在输出文件夹中查看 Childhood Memory.wma 文件。

图 2-5　转换完成

2.2　声音艺术

听觉艺术是指以声音为主要媒介进行创作的一种艺术类别，因此也称为声音艺术。广义的声音艺术是指一切诉诸听觉的艺术形式，而狭义的声音艺术则讲究概念性，主要指音乐。声音艺术主张尊重声音本体，重视主动聆听。

音乐作为声音艺术的表现形式，是数千年人类文明凝聚而成的艺术精华。它通过旋律、曲式、速度、力度等来表现艺术构思，利用听觉引起人生理上的刺激和心理上的反应，使人的大脑处于兴奋状态，从而得到美的享受。贝多芬说过："音乐是比一切智慧、一切哲学更高的启示。"

数字媒体艺术创作不仅需要丰富多彩的视觉艺术，还需要优美的听觉艺术。因此，欣赏和创作是实现数字媒体声音艺术的关键。

1. 欣赏

狭义的声音艺术创作的起点是清楚地理解音乐的审美本质和审美价值。在欣赏音乐的同时培养对音乐的感知能力、想象能力和评价能力。

① 聆听和感知：感知是音乐欣赏的心理基础。当我们聆听一首音乐作品时，会受到各个音乐要素的影响，而产生各种不同情绪的反应，如声音的高低、长短、强弱、音色、旋律、节奏、调式、速度、力度、曲式等。聆听这些音乐要素，才能获得对音乐的感知。

② 感受和想象：当我们聆听一首音乐作品时，自己的情绪往往会受到音乐的感染，获得某种情感体验或感受，这种感受和心中潜在的情感互相交融，加上自己对现实生活中的情境的想象，产生了对音乐的共鸣，从而获得审美享受。

③ 探究和评价：探究和评价是音乐欣赏的较高层次，包括探究音乐作品的题材、内容、风格、情绪、曲式等表现手段，认识音乐作品的内容美、形式美、情绪美、表现美，并给出适当的评价。

2. 创作

创作数字媒体声音首先需要理解视觉上的感受，运用音乐创作手法和声音处理技术将声音符号谱写成具有深刻思想和情感的旋律。

数字媒体声音创作主要包括背景音乐创作和配音。

① 背景音乐创作：选择或制作合适的背景音乐需要研究数字媒体所要表达的主题内容和情绪。例如，主题是景物还是人物？具体对象是谁？要表达的情感是欢乐还是哀伤？然后根据上述内容塑造具体的音乐形象特征。不同的曲调、不同的乐器、不同的节奏会表达不同的情感和氛围。

② 配音：配音包括语言配音和效果配音。语言配音是为视频进行后期台词配音或解说配音，以获得良好的视听效果。效果配音是为了强化视觉形象，增加真实感，可以配上真实或夸张的声音效果，如火车疾驰声和瀑布流水声等。

总而言之，在数字媒体艺术创作中，声音艺术和视觉艺术是两个重要的方面。只有声音和视觉效果与数字媒体设计主题融为一体，作品才能得到完美的呈现。

2.3 数字音频处理

2.3.1 数字音频处理的内容

数字音频处理的主要目的是优化声音效果以满足人们听觉的需要。数字音频处理主要包括以下内容。

① 数字音频录制。数字音频录制是指将声源发出的模拟声音信号通过"采样—量化—

编码"数字化过程将其记录为计算机及其他数字音频设备能够识别的数字音频。

② 数字音乐制作。数字音乐制作是指通过 MIDI 键盘等数字音乐设备创作音乐,这种音乐能够直接记录为数字音频。

③ 数字音频剪辑。数字音频剪辑是指利用音频处理软件对数字音频素材进行裁剪、分离、插入、复制、删除、拼接等操作。

④ 数字音乐合成。数字音乐合成是指将多个数字音频素材通过剪辑、叠加、混合等手段生成完整的音乐。数字音乐合成体现了艺术和技术的结合。

⑤ 音频特效制作。音频特效制作是指为数字音频素材增加混响、回声、变频、淡入淡出等效果,优化其听觉效果和表现力。

⑥ 音频文件处理。音频文件处理是指根据数字音频的用途选择适当的音频格式,如 WAV 格式或 MP3 格式等,存储为文件的形式。

2.3.2 数字音频设备

专业领域的数字音频设备通常包括数字调音台、功放机、音频处理设备和输入/输出设备。

1. 数字调音台

数字调音台在专业扩声系统和影音录音中经常使用,能够实现多路声音输入,且每一路声音可以单独进行处理,例如,声音放大,高音、中音、低音的音质补偿,多路声音按不同比例进行混合,以及立体声输出、编辑输出、混合单声输出、监听输出、录音输出和多种辅助输出。调音台既能够创作立体声、美化声音,又能够抑制噪声、控制音量,是专业音频系统的核心设备之一。

2. 功放机

功放机是音响系统中最基本的设备。其功能是将来自数字调音台等声源的微弱电信号进行功率放大,产生足够大的电流,以驱动音箱发声。功放机的主要性能指标有输出功率、频率响应、失真度、信噪比、输出阻抗、阻尼系数等。根据不同的分类标准,功放机可分为多种类型。例如,按功能不同,可以分为前置放大器、功率放大器与合并式放大器。前置放大器又称为前级,是功率放大之前的预放大和控制部分,用于增强信号的电压幅值,提供输入信号选择、音调调整和音量控制等功能。功率放大器也称为后级,不带信号源选择和音量控制功能,主要用于增强信号功率以驱动音箱发声。将前级和后级合并在一起的功放设备称为合并式放大器,常见的家用功放机都是合并式放大器。

3. 音频处理设备

音频处理设备主要包括压限器、激励器、效果器、分频器、均衡器等。

① 压限器:全称为压缩与限制器。其中,压缩器是一种随着输入电平增大而本身增益减小的放大器。限制器是一种当输出电平到达一定值以后,无论输入电平怎样增加,其最大输出电平保持恒定的放大器。录音或演唱过程中,当距离麦克风太近时,可能造成声音

信号过强，进而产生难听的失真声音，压限器就是用于解决这类问题的。此外，压限器还有一个重要功能是减少噪声。

② 激励器：是一种谐波发生器，能够对声音信号进行修饰和美化等。通过为声音增加高频谐波成分等多种方法，可以改善音质、音色，提高声音的穿透力，增加声音的空间感，也可以实现低频扩展，使低音效果更加完美、音乐更具表现力。

③ 效果器：是用于产生各种声音效果的设备。通过调制或延迟声波的相位、增强声波的谐波成分等方式，可以改变原有声音的波形和音色以产生各种特殊声效，如颤音、混响、沙哑声、大合唱等效果。

④ 分频器：是将不同频段的声音信号区分开来，如分离成高音、中音、低音等不同部分，分别进行放大，然后送到相应频段的扬声器中进行重放的设备。因为任何单一的扬声器都不可能将声音的各个频段都完美地重放出来，所以分频器可以比作音箱的"大脑"，对音质至关重要。

⑤ 均衡器：是可以分别调节不同频率成分电信号放大量的设备。通过对各种不同频率的电信号进行调节可以补偿扬声器和声场的缺陷，补偿和修饰各种声源。例如，可以分别调节低音（0～150Hz）、中低音（150～500Hz）、中音（500Hz～2kHz）、中高音（2～5kHz）、高音（7～8kHz）、极高音（8～10kHz），平衡不同频率的声音给人带来的听觉感受。

4. 输入/输出设备

输入/输出设备包括麦克风和音箱。麦克风是一种声电转换设备，将声波作用到电声元器件上产生电压，再转为电能，主要用于扩音。按声电转换原理，麦克风可以分为电动式（动圈式、铝带式），电容式（直流极化式），压电式（晶体式、陶瓷式），电磁式，碳粒式，半导体式等。其中，电容式麦克风在演出、录音和会议等专业领域使用广泛，音质卓越。其技术指标主要包括灵敏度、频率响应、阻抗、等效噪声、信号噪声比、方向性、动态范围、等效输入噪声、总谐波失真、电源抑制比和最大声学输入等。通常，为保证声音输入质量，麦克风可以配置防震架、防风罩、防喷罩及麦克风架等辅助设备。音箱是一种将音频信号变换为声音信号的设备。

2.3.3 数字音频工作站

数字音频工作站是基于计算机的音频系统，是一个集成了音频录制、音频存储、音频编辑、效果处理、自动缩混和接口等功能的一体化音频工作站。数字音频工作站可以实现传统录音棚的大部分功能，在数字音频制作中具有广泛的应用。在大多数情况下，数字音频工作站的功能是通过一台计算机来完成的，主要由计算机及其操作系统、声卡和功能软件三部分构成。功能软件是基于声卡开发的能够实现音频录制、回放、剪辑、均衡、混响、混音和压缩等功能的工作平台，本章将要介绍的 Audition 就是一款功能强大的音频软件。其他的外围音频设备可以通过声卡接口连接到计算机上。声卡，也称为音频卡，是数字音频工作站的核心硬件，能够实现声波与数字信号的相互转换。其基本工作原理是，从麦克风等音频输入设备获取声波模拟信号，通过模数转换器（ADC）将声波振幅采样并转换成一串数字信号，存储到计算机中。重放时，这些数字信号送到数模转换器（DAC）中，以同样的采样频率还原为模拟波形，放大后送到扬声器发声，这个过程也称为脉冲编码调制（PCM）。声卡的主要技术指标包括采样频率、采样精度、失真度和信噪比。声卡的基本组成包括数字信号处理芯片、ADC 和 DAC、总线接口芯片、音乐合成器以及混音器等。其能够实现录制和播放数字音频文件、编辑与混合数字音频、合成 MIDI 音乐、压缩与解压缩数字音频文件、合成语音等应用。

2.4　音频处理软件 Audition

Adobe Audition 是集音频的录制、混合、编辑和控制于一体的音频处理工具软件，是一个完整的、运行于 PC 上的多音轨唱片工作室。它功能强大，控制灵活，使用它可以轻松创作音乐、制作广播短片、为视频配音、修复录音缺陷等，从而获得专业级音效。

Audition 的工作界面分为多音轨编辑界面、单音轨编辑界面和 CD 制作界面。其中，多音轨和单音轨编辑界面是进行音频编辑与处理的主要界面。

2.4.1　音频录制

录制音频前，将麦克风连接至计算机的音频输入接口。启动音量控制面板，在录音设备对话框中对麦克风进行基本配置，通常需要配置麦克风类型、麦克风音量及录音品质等级。完成基本设置后，启动 Audition 准备录音。

【例 2-4】　使用 Audition 录制旁白，并制作为 MP3 文件。

旁白内容：为主动应对新时代和信息社会对人才培养的新需求，经上海市教育委员会同意，自 2020 年开始，原"上海市高等学校计算机等级考试"更名为"上海市高等学校信息技术水平考试"。报名对象为本市高校在籍的专科生、本科生和研究生。

1）启动 Audition，执行"文件｜新建｜音频文件"菜单命令，弹出"新建音频文件"对话框，设置采样（频）率为 48000Hz，声道为立体声，位深度（量化位数）为 32位，如图 2-6 所示。打开一个单音轨的空白音频文件窗口。

图 2-6　新建音频文件

2）单击基本功能区中的"录音"按钮，如图 2-7 所示，然后，就可以对着麦克风录制旁白了。在录制过程中，"空白音频文件"窗口中会显示录制的音频波形，如图 2-8 所示。录制完成后，单击"停止"按钮，停止录音。

图 2-7　基本功能区

3）执行"文件｜导出｜文件"菜单命令，打开"导出文件"对话框，如图 2-9 所示。在"格式"下拉列表中选择"MP3 音频（*.mp3）"，设置保存位置，单击"确定"按钮，保存为 MP3 文件。

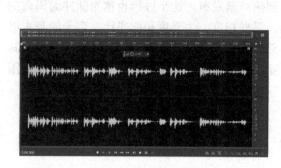
图 2-8 音频波形

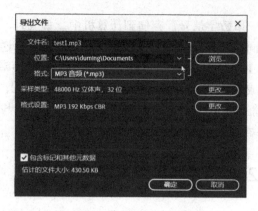
图 2-9 导出文件设置

2.4.2 语音合成

随着语音合成技术的发展，Windows 和 macOS 都提供了语音合成引擎。Audition 可以使用操作系统提供的库，创建视频、游戏等需要的合成语音。生成语音功能可以通过粘贴或输入文本的方式生成旁白。

【例 2-5】 使用 Audition，通过语音合成操作录制旁白，并制作为 MP3 文件。

1）启动 Audition，执行"文件 | 新建 | 音频文件"菜单命令，创建一个单音轨的空白音频文件。

2）执行"效果 | 生成 | 语音"菜单命令，打开"效果-生成语音"对话框，如图 2-10 所示。在编辑框中输入旁白文本，并设置语言、性别、语音、年龄、说话速率、音量等。

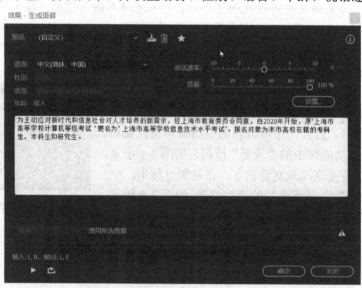

图 2-10 语音合成设置

3）单击"确定"按钮完成语音合成。

4）保存为 MP3 文件。

2.4.3　音频编辑

音频编辑是指对音频进行剪切、复制、删除、分离、合并、锁定、包络编辑和时间伸缩等处理。下面介绍几种常用的音频编辑操作。

① 剪切、复制和删除。单击工具栏中的时间选择工具 ，在音频轨道中选中一段音频，右击，执行"剪切""复制"或"删除"快捷菜单命令。

② 拆分。拆分操作可以将音频分成若干个音频切片，即音频片段，以便对每个音频片段进行不同的编辑或处理。在多轨窗口中，首先选择要拆分的音频范围，右击，执行"拆分"快捷菜单命令。拆分后的音频片段可以使用移动工具将其拖动到其他音频轨道中。

③ 合并剪辑。拆分开的多个音频片段在剪切、复制和删除等编辑操作后可以重新合并为一个整体。同时选择需要合并的多个音频片段，右击，执行"合并剪辑"快捷菜单命令。

④ 锁定时间。如果多个音频轨道中有多个音频片段，为了将各个音频片段的位置固定下来，可以锁定时间。选择音频片段，右击，执行"锁定时间"快捷菜单命令。

【例 2-6】 移花接木：将语音"我喜欢音乐"编辑为"我我喜欢音乐音乐音乐"。

1）启动 Audition，在音频轨道 1 上右击，执行"插入 | 文件"快捷菜单命令，选择"语音素材.mp3"，其语音内容为"我喜欢音乐"。

2）双击音频轨道 1 进入单音轨编辑界面，观察音频波形，如图 2-11 所示。可以看到，一个波形振幅较大的部分对应一个词的发音，分别为："我""喜欢""音乐"。

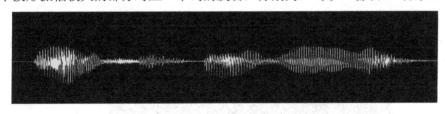

图 2-11　原始音频波形

3）使用时间选择工具，首先选择"我"波形，右击，执行"复制"快捷菜单命令，然后在"我"和"喜欢"波形中间，右击，执行"粘贴"快捷菜单命令，则音频被编辑为"我我喜欢音乐"。

4）参考上述步骤，复制"音乐"波形，在音频波形的最后粘贴 2 次。编辑结果为"我我喜欢音乐音乐音乐"。

2.4.4　降噪音效

音效主要包括振幅与压限、延迟与回声、滤波与均衡、调制、降噪/恢复、混响、时间与变调等。音效制作主要在单音轨界面中完成，设置可以通过"效果"菜单或效果控件面板来实现。

在 Audition 中，降噪主要包括自适应降噪、自动咔嗒声移除、自动相位校正、消除嗡嗡声等。在降噪之前需要采集音频文件中的噪声样本。

【例2-7】 自动识别并处理音频噪声。

1）启动 Audition，右击音频轨道 1，执行"插入 | 文件"快捷菜单命令，选择例 2-4 录制的旁白。

2）双击音频轨道 1，进入其单音轨界面，使用时间选择工具，选取整段音频文件，然后执行"效果 | 降噪/恢复 | 捕捉噪声样本"菜单命令，如图 2-12 所示。

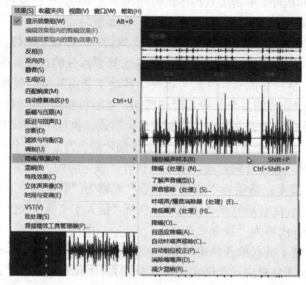

图 2-12　噪声样本捕捉

3）噪声样本捕捉完成后，执行"效果 | 降噪/恢复 | 降噪（处理）"菜单命令，弹出"效果-降噪"对话框，并进行降噪参数设置，如图 2-13 所示。

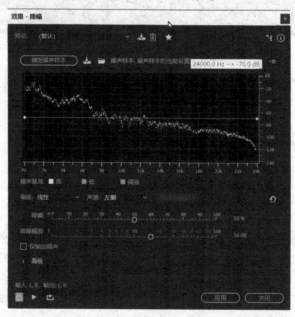

图 2-13　降噪参数设置

4）单击"应用"按钮，完成降噪处理。

2.4.5　多轨录音

在 Audition 的多音轨编辑界面中，可以先在音频轨道 1 中插入背景音乐，然后在音频轨道 2 中进行录音。当开始录制时，音频轨道 1 中的背景音乐也开始播放，音频轨道 2 中同步录音。录制完成后，可以在单音轨界面中针对音频轨道 2 中录制的音频进行效果处理，然后回到多音轨编辑界面将两个音频轨道中的音频混缩为一段新的音频。多轨录音的操作方法不仅用于录制带背景音乐的旁白，也可以用于录制卡拉 OK 音乐。

【例 2-8】　录制带背景音乐的旁白。

1）启动 Audition，进入多音轨编辑界面。右击音频轨道 1，执行"插入｜文件"快捷菜单命令，插入背景音乐文件 Childhood Memory.mp3，如图 2-14 所示。

图 2-14　插入背景音乐

2）单击音频轨道 2 控制面板上的录音准备按钮 ，如图 2-15 所示， 按钮将呈现红色，表示已经将音频轨道 2 设置为录音轨道。

3）单击"录音"按钮，背景音乐开始播放，同步进入录音状态，保持周围环境安静，伴随背景音乐开始录音，音频轨道 2 中开始出现旁白的音频波形。

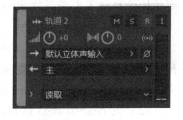

图 2-15　录音设置

4）录制完毕后单击"停止"按钮，完成录音工作。单击"播放"按钮，试听带背景音乐的旁白效果。

5）执行"文件｜导出｜多轨混音｜整个会话"菜单命令，选择 MP3 格式，设置保存位置，单击"确定"按钮，就完成了带背景音乐的旁白 MP3 文件制作过程。

习题 2

1．使用 Adobe Audition 音频制作软件，根据要求建立 Audition 工程文件。【上海市高等学校信息技术水平考试 2021 年试题】

要求：

（1）新建多轨混音（采样率 44100Hz，位深度 32 位，立体声），导入素材 AUA01.mp3、AUA02.mp3、AUA03.mp3。将 AUA01.mp3 放置在轨道 1 中，起始位置在 1.5 秒处，拉伸 AUA01.mp3 使其慢放并在 6.26 秒处结束。

（2）从轨道 2 的起始处放置 AUA02.mp3，为 AUA02.mp3 全程设置声相包络，使声音从右声道传递到左声道。

（3）在轨道 2 中，AUA03.mp3 紧接着 AUA02.mp3 放置，AUA03.mp3 全程设置淡出效果，淡出线性值为-24。

（4）对轨道 2 中的音频编组，设置编组颜色（色调值为 11），并锁定时间。

2．使用 Adobe Audition 音频制作软件，根据要求建立 Audition 工程文件。【上海市高等学校信息技术水平考试 2020 年试题】

要求：

（1）在多轨编辑模式下（采样率为 44100Hz），导入素材 AUA01.mp3、AUA02.mp3、AUA03.mp3，在轨道 1 中，AUA01.mp3、AUA02.mp3、AUA03.mp3 顺序排列，首尾相接，AUA01.mp3 起始位置在 0 秒处。

（2）在轨道 1 中，为 AUA01.mp3 设置淡入效果：淡化线性值为 32，淡入持续时间从 0 秒至 3 秒处；为 AUA03.mp3 设置淡出效果：淡出线性值为 32，淡出持续时间从 6.5 秒至 9.3 秒处。

（3）在轨道 2 的 6.2 秒处，再次放入原始素材 AUA03.mp3，并复制一份，首尾相接。在轨道 2 中设置声相包络，使前半部分声音从右声道传递到左声道，后半部分声音从左声道传递到右声道。

（4）将轨道 2 中的音频剪辑编组，并锁定时间。

3．使用 Adobe Audition 音频制作软件，根据要求建立 Audition 工程文件。【上海市高等学校信息技术水平考试 2019 年试题】

要求：

（1）在多轨编辑模式下导入素材 AUA01.mp3、AUA02.mp3、AUA03.mp3；将 AUA01.mp3 拖放至轨道 1 中，起始位置在第 0 秒处；将 AUA02.mp3、AUA03.mp3 依次拖放至轨道 2 中，顺序排列，AUA02.mp3 的起始位置在第 6 秒处。

（2）为 AUA01.mp3 设置淡入效果，淡化线性值为 50，淡入持续时间为第 0～2 秒；

（3）复制 AUA01.mp3，粘贴到轨道 1 波形的结束位置，再对轨道 1 中的全部素材进行剪辑编组，编组颜色的基本色调值设为 196。

（4）在轨道 2 中设置声相包络，使得 AUA02.mp3 的声音从右声道传递到左声道，AUA03.mp3 的声音从左声道传递到右声道。

第3章

数字图像技术与应用

图像是人类认识自然景物和客观世界的视觉元素，具有文字和声音所不可比拟的优点。利用计算机处理图像，可以更形象、生动、直观地表达信息。数字图像处理是指利用数字媒体技术对图像进行分析、加工和处理，以满足视觉和心理需求。本章将讲述数字图像的基础理论、设计艺术，并通过实例讲解图像处理软件 Photoshop 的使用方法。

3.1 数字图像技术基础

3.1.1 点位图与矢量图

图像是客观对象的一种具有相似性、生动性的描述或写真，是人类社会活动中最常用的信息载体，或者说，图像是客观对象的一种表示，它包含了被描述对象的有关信息，是人们最主要的信息源。人们从客观世界获取的信息约有 75%来自视觉。

图像根据记录方式的不同可分为两大类：模拟图像和数字图像。模拟图像通过光、电等物理量的强弱变化来记录图像上的亮度信息，数字图像则用计算机中存储的数据来记录图像上的亮度信息。数字图像（为叙述简便，以下简称为图像）从处理方式上可以分为点位图和矢量图。

1. 点位图

点位图也称位图，是由像素构成的图像。每个像素均用若干个二进制位来存储自己的颜色、亮度等属性。一幅图像由很多像素组成，因此能表现出颜色的精细变化，色彩层次也更丰富。这些像素存储为一个文件，即位图文件，也称图像文件。

位图可以由数码相机、扫描仪、数码摄像机、视频捕获设备获取，通过这些设备可以将模拟图像信号转换为数字图像数据。

位图文件的缺点是所需的存储空间较大，图像中的像素点越多，图像文件越大。要扩大位图的尺寸，每个像素都会被放大，会出现失真。

2. 矢量图

矢量图用一系列计算机指令来表示一幅图像，例如，画点、画线、画曲线、画圆、画矩形等指令。用于绘制和显示矢量图的软件通常称为绘图程序。Adobe 公司的 Illustrator、

Corel 公司的 CorelDraw 都是优秀的矢量图设计软件。

矢量图的优点是执行缩放、旋转和变形操作时，图形不会产生失真。矢量图中的每个图形元素均可以自成一体，有自己的颜色、形状、轮廓、大小和位置等属性，可作为构造复杂图形的构造块，存储在图形库中，以便快速生成复杂图形，也能够减少矢量图的文件大小。缺点是当图形复杂时，通过计算机指令绘图时间较长。色彩层次丰富的数码照片很难用数学方法描述其构造，因此不适合用矢量图表示。

3.1.2 图像的基本属性

图像的基本属性包括像素、分辨率、像素深度等。

1. 像素

像素（Pixel）是图像的基本构成单位，可以定义为图像数字化过程中的最小采样点，即像素点。每个像素均具有高度、宽度、灰度或颜色值等属性。

2. 分辨率

分辨率是和图像相关的一个重要概念，它是衡量图像细节表现力的技术参数。分辨率的种类有很多，其含义也各不相同。

（1）显示分辨率

显示分辨率代表显示屏的精密度，即显示屏上显示颗粒的数量或像素的数量。显示屏的分辨率越高，画面就越精细。以分辨率为 3840×2160 像素的 4K 电视显示屏来说，每一条水平线上均包含了 3840 个像素点，共有 2160 条水平线，整个显示屏有 8294400 个显像点（像素点）。

（2）图像分辨率

图像分辨率用于度量组成一幅图像的像素的密度，表示图像包含的信息量。图像分辨率以每英寸的像素数（Pixels Per Inch，PPI）来衡量。对同样大小的一幅图像，组成该图像的像素数越多，则说明其图像分辨率越高，越逼真；相反，图像会显得比较粗糙。图像分辨率和图像尺寸决定了图像文件的大小及输出的质量。

图像分辨率与显示分辨率是两个不同的概念。图像分辨率是要确定组成一幅图像的像素数多少，而显示分辨率是要确定显示图像的区域大小。如果显示屏的显示分辨率为 640×480 像素，那么一幅 320×240 像素的图像只占显示屏面积的 1/4；相反，一幅 3840×2160 像素的图像如果未缩小显示，在这个显示屏上就不能完整显示。

（3）设备分辨率

设备分辨率又称输出分辨率，是指各类输出设备每英寸长度上可产生的点数（Dots Per Inch，DPI），如打印机、绘图仪的分辨率。如果用设备分辨率为 300 DPI 的打印机输出图像，在每英寸打印纸上可以打印出 300 个表征图像输出效果的色点。设备分辨率越大，表明图像输出的色点就越小，输出的图像效果就越精细。打印机的设备分辨率只同打印机的硬件工艺有关，而与输出图像的分辨率无关。

3. 像素深度

像素深度是指表示一个像素所用的二进制数的位数。像素深度决定了彩色图像中的每个像素可能具有的颜色数量，因此也称为颜色深度。例如，一幅彩色图像中的每个像素均用 R、G、B 三个分量表示，且每个分量用 8 位二进制数表示，那么一个像素需用 24 位表示，像素深度就是 24，一个像素可以显示 2^{24} 种不同的颜色。

像素深度越大，图像颜色也就越丰富。1 位像素深度只能显示黑白两种颜色，8 位像素深度可以显示 256 种颜色，24 位像素深度可以显示 2^{24}（16777216）种颜色。较大的像素深度在提高图像质量的同时也会占用更多的存储空间。

3.1.3　颜色与颜色模型

1. 颜色的来源

颜色是光的产物，没有光就没有颜色。能发光的物体称为光源，光源的颜色因其发光的光谱分布不同而有所不同。被光源照射的物体选择性地吸收一部分波长的色光，反射或投射剩余波长的色光，人眼看到的这些剩余的色光就是物体的颜色。

2. 颜色的三要素

任何一种颜色都可以用色相、饱和度及亮度三要素来表示。色相是颜色的外在表现，由色光的主波长决定，是一种颜色区别于其他颜色的主要因素，例如，红、黄、绿、蓝、紫等为不同的色相。饱和度也叫彩度，表示颜色的纯度，即颜色的鲜艳程度，例如，原色最纯，混合的颜色越多，则纯度越低。亮度也叫明度，表示颜色的明暗程度，与光的反射强度相对应。不同的颜色，反射的光强弱不一，因而会产生不同程度的明暗效果，其中最亮的为白色，最暗的为黑色。

3. 颜色模型

颜色模型是一种描述颜色的抽象数学模型，也可称为颜色模式。不同领域处理颜色可能采用不同的颜色模型。例如，计算机处理图像常采用 RGB 模型，彩色印刷主要采用 CMYK 模型。

任何一种颜色模型都无法包含所有的可见光。不同的颜色模型所表示的颜色范围称为色彩空间。RGB、CMYK、HSB 等颜色模型因使用的设备不同，而具有不同的色彩空间。例如，RGB 模型有 Adobe RGB、sRGB、ProPhoto RGB 等多个色彩空间。每个色彩空间中，即使 RGB 的值相同，也会产生不同的颜色显示效果。常见的颜色模型介绍如下。

（1）RGB 模型

RGB 模型是基于自然界中光的颜色模型产生的，其颜色由红（R）、绿（G）、蓝（B）三种基本颜色按不同的比例混合得到。RGB 模型是计算机图像编辑采用的主要颜色模型，三个颜色分量各用 1 字节表示，可以表示 24 位色彩范围，共 2^{24}（16777216）种颜色，也就是常说的真彩色。

（2）CMYK 模型

CMYK 模型是基于打印在纸上的油墨对光的吸收特性产生的。在实际的印刷中，当白光照射在半透明的油墨上时，某些波长的可见光被吸收，剩余的被反射或投射，这种产生色彩的方式称为减色模式。其颜色由青色（C）、洋红（M）、黄色（Y）和黑色（K）这 4 种颜色的印刷油墨按百分比混合而成。这种颜色模式主要适用于印刷。虽然 RGB 模型的颜色更多，但是不能全部打印出来，因此图像编辑时如果采用 RGB 模型，则需转化为 CMYK 模型后再印刷。

（3）HSB 模型

HSB 模型是从 RGB 模型演化而来的，将颜色按适合人眼的色相、饱和度及亮度进行分解。因为人眼最多能区分 128 种不同的颜色、130 种饱和度及 23 种亮度，而对其他颜色模型的色彩空间不敏感，因此 HSB 模型是一种按照人的视觉特点开发的颜色模型。

（4）Lab 模型

Lab 模型是由国际照明委员会（International Commission on Illumination，CIE）公布的一种颜色模型，理论上包括了人眼可见的所有颜色。Lab 模型解决了同一个颜色值在不同的显示设备和打印设备上输出的颜色不同这一难题，是一种与设备无关的颜色模型。

在 Lab 模型中，L 表示亮度，取值范围是 0～100；a 表示在红色到绿色范围内变化的颜色分量；b 表示在蓝色到黄色范围内变化的颜色分量。a 和 b 的取值范围都是-128～127。

由于 Lab 模型定义的颜色最多，且颜色与设备无关，无论使用任何输入/输出设备创建或输出图像，都能生成一致的颜色，因此在不同颜色模型之间转换时，为避免颜色损失，可以用 Lab 模型作为中间环节。

（5）灰度模型

灰度模型是指使用不同的灰度级来描述图像中的像素，灰度级取值范围为 0（黑色）～255（白色）。该模型能够产生色调丰富的灰度图像。灰度模型能充分表达图像的亮暗信息，拥有丰富细腻的阶调变化层次，可以从 RGB 模型或 CMYK 模型的图像转换得到。

（6）位图模型

位图模型使用黑白二色来描述图像中的像素。要将彩色图像转换成黑白图像，必须先将该图像的颜色模型转换成灰度模型，然后再转换成位图模型。

3.1.4 图像格式

图像在计算机中以文件的形式存储，因为采用不同的压缩编码技术，所以图像数据存储的格式也有所不同。图像的存储、处理和传输都与图像格式紧密相关。图像格式是记录和存储图像信息的格式，也就是把图像中的像素按照一定的方式进行组织和存储。不同的图像处理软件对图像格式的支持也有所不同，下面介绍常见的图像格式。

（1）BMP

BMP 是 Windows 操作系统采用的标准图像格式，支持 24 位像素（颜色）深度，能表现出丰富的色彩，支持RGB、灰度和位图颜色模型。BMP 格式包含的图像信息较丰富，几乎不压缩，因此文件占用存储空间较大，不利于互联网传输和应用，很少在网页中使用。

（2）JPEG

JPEG 是联合图像专家组制定的用于静态图像压缩的标准。JPEG 格式主要采用两种压缩算法：一种是以离散余弦变换为核心的有损压缩；另一种是以预测技术为核心的无损压缩，可实现较高的压缩比。JPEG 格式通过精确地记录每个像素的亮度来平衡像素的色调，将人眼无法分辨的细节删除，压缩后的图像质量在视觉感受上影响不大。JPEG 格式支持CMYK、RGB和灰度颜色模型，是当前使用最普遍的图像格式。注：因为 Windows 早期版本对文件扩展名长度有限制，所以 JPEG 格式的文件扩展名被设置为.jpg，因此 JPEG 格式也可称为 JPG 格式。

（3）TIFF

TIFF 是 Aldus 公司和微软公司开发的一种图像存储格式，可加入作者、版权、备注和自定义信息，主要应用于印刷行业。几乎所有位图应用程序都能处理 TIFF 格式的文件。

（4）GIF

GIF 是 CompuServe 公司开发的一种彩色图像交换格式，以数据块为单位存储图像信息。其主要采用 LZW 压缩算法存储图像，支持透明背景。GIF 格式允许存放多幅彩色图像，各图像可以按照一定的时间间隔轮换显示，从而形成动画效果。GIF 格式最多只能支持 256 种颜色，文件需要的存储空间较小，适于网络应用和传输。

（5）PNG

PNG 是流式网络图像格式，采用 LZ77（由 Lempel 和 Ziv 于 1977 年提出，因此得名）派生的无损压缩算法。PNG 格式有 8 位、24 位、32 位三种形式，其中 32 位 PNG 格式可存储 8 位 Alpha 通道数据，因此可展现 256 级透明程度。PNG 格式兼有 GIF 格式和 JPEG 格式的优点，既有较高的压缩比，又能弥补 GIF 格式颜色上的不足，适用于网页设计和平面设计。

（6）PSD

PSD 是 Adobe 公司开发的图像处理软件 Photoshop 的专用格式，可以保存图像的图层、通道、颜色模型等信息，是唯一支持所有颜色模型的图像格式。

3.2　图像艺术

3.2.1　平面构成和立体构成

1. 平面构成

平面构成是指按照一定的构成原理，将视觉元素在二维平面上进行排列、组合，从而构成具有美感的画面。它广泛运用于广告招贴、商品装潢、书籍装帧、建筑装饰等设计中。

（1）平面构成的基本视觉元素

平面构成的形式美感是通过点、线、面的不同排列形式来实现的。不同的形状、不同的排列，会带来不同的视觉感受。就平面的视觉形态而言，点、线、面是平面构成的基本元素，如图 3-1 所示。

① 点。点是视觉中相对小而集中的形，是一切形态的基础。点最重要的功能就是表明位置并进行聚集。一个点在平面上，与其他元素相比，最容易吸引视线。

② 线。线是点在移动中留下的运动轨迹，具有延伸感和方向感。线常用于表现物体的界限和轮廓。

③ 面。面是点与线的扩大，表现为线的移动轨迹。面可以通过透视或重叠等方式塑造较强的空间感。

④ 形态和边缘。形态是人们直接感知到的物体的形状和状态。从宇宙天体到山川河流，从千姿百态的植物到变幻莫测的海洋生物，从微观的生命形态到人类，大自然创造了充满形式感的各种各样的空间形态。平面设计就是通过各种形态之间的相互关系产生视觉感受的。形态的扭转、折曲以及各种形式的变体都可引导出新的形态架构。对于图像的认识和区分是通过形态的外沿，即边缘，来确定的。明确肯定的边缘表现出一种确定明朗的形态感，模糊扭曲的边缘则表现出一种运动的、不确定的形态感。

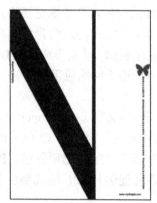

图 3-1　点、线、面构成的平面

（2）构成

构成就是从具体的形态中提取元素，研究和探索其形态的关系，以感觉性、自由性、均衡性的方法，运用冲突、穿插、叠合、错位等手法，形成对比强烈、有序和谐的视觉形象和构图效果。

（3）形式美法则

① 对称：对称是视觉设计的一个重要方法，以一个轴为中心，两侧几乎完全相同，给人以庄重和稳定的感觉，如图 3-2 所示。

② 均衡：均衡是一种动态的对称，两侧并不相同，视觉元素在大小和数量上有变化，但两边在心理上是平衡的，处于一种和谐的状态，如图 3-3 所示。

③ 比例：比例是指部分画面与整体画面之间存在数量关系。以美的比例关系分割画面是极为重要的构图方式，如等量分割、黄金分割、数量分割等，如图 3-4 所示。

④ 对比：对比是指将反差很大的两个视觉元素成功地排列在一起，使人体会到既鲜明强烈的对照又不乏统一的感受，它能使主题更加鲜明，视觉效果更加活跃，如图 3-5 所示。

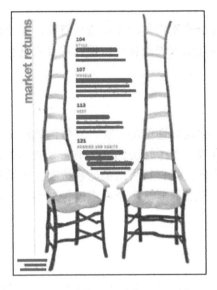

图 3-2　对称

图 3-3　均衡

图 3-4　比例

图 3-5　对比

⑤ 韵律：韵律是指视觉元素在连续且有规则地变化或重复时所产生的运动感，具有一种富于流动性的美，有如音乐的旋律一样给人以持久性的感受，如图 3-6 所示。

图 3-6　韵律效果

（4）肌理

肌理是指形象表面的纹理和质地特征，不仅能表现物体的外在造型特征，还能反映其内在的材质属性。在设计过程中，可以运用各种技法来表现各种肌理以符合视觉感受和心理特征。

2. 立体构成

立体构成是平面构成的延伸，是在三维空间中研究造型的方法。立体构成研究在三维空间中如何将立体造型元素按照一定的原则组合成赋予个性美的立体形态。立体构成更注重材料与空间的关系，以视觉为基础、力学为依据，用材料将造型元素按照一定的构成原则组合成美好的形体。立体构成更加关注实体，并且需要从多个视点进行观察，不仅要满足造型的视觉效果，还要满足触觉效果。

3.2.2　色彩构成

这里简单说明一下色彩和颜色的关系。一般来讲，色彩和颜色的基本意思是一样的。二者在表达情感时稍有不同，颜色的含义比较中性，而色彩的含义更广泛，可以指颜色，也可以指色彩关系，还可以带有情感或思想等。

色彩构成，即颜色的相互作用，是指从人们对颜色的感知和心理效果出发，用科学分析的方法把复杂的色彩关系还原成基本的颜色要素。色彩构成是利用颜色在空间、量和质上的可变换性，按照一定的规律去组合各构成之间的相互关系，再创造出新的色彩效果的过程。

色彩构成与平面构成及立体构成有着不可分割的关系，色彩关系不能脱离形体、空间、位置、面积、肌理等而独立存在。

1. 色彩混合

色彩混合就是颜色混合。颜色有两个原色系统：色光的三原色和色素的三原色。原色是指不能用其他颜色混合而成的颜色，却可以混合出其他颜色的颜色。色光三原色指红光、绿光和蓝光，色素三原色指品红、黄色和青色。颜色有三种混合方式：正混合、负混合和中性混合。正混合是指色光的混合，多种色光混合出新的色光会使颜色的亮度增加，称为正混合。负混合是指色素的混合，是亮度降低的减光现象，颜料、染料和涂料等色素混合都属于负混合。中性混合则是指混合出的新颜色的亮度基本上等于参加混合的颜色亮度的平均值。

2. 色彩对比

人们对颜色的感受是通过各种颜色之间的对比效果确定的。颜色没有美丑之分，人们对于颜色的心理感受取决于色彩构成。色彩构成就是将多种不同的颜色并置，使其产生对比等关系，以获得相应的视觉效果。色彩对比是色彩构成的重要因素，可以通过色环图来描述，如图 3-7 所示。色彩对比可分为色相对比、饱和度对比、亮度对比和面积对比。

色相对比包括同类色、邻近色、对比色、互补色，如图 3-8 所示。

① 同类色。色相环中相距 45° 的两种颜色为同类色，对比效果较弱。同类色的色相主调十分明确，非常协调和单纯。

② 邻近色。色相环中相距 90° 的两种颜色为邻近色，对比效果适中。邻近色的颜色近似，色调统一和谐。

③ 对比色。色相环中相距 135° 的两种颜色为对比色，对比效果较强。对比色的颜色对比鲜明，相互排斥，色调活泼旺盛。

④ 互补色。色相环中相距 180° 的两种颜色为互补色，对比效果最强。互补色的视觉效果刺激，搭配不当容易产生生硬和急躁的效果，因此要通过处理主色相与次色相的面积大小或分散形态的方法来调节和缓和过于激烈的效果。

饱和度对比是指不同饱和度的色彩对比。亮度对比指不同明暗效果的对比。面积对比体现为大小色块数量的对比。

图 3-7 色环图

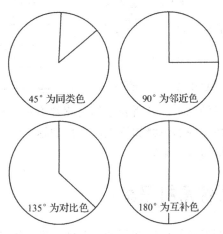

图 3-8 色相对比

3. 色调与色调搭配

色调不是指颜色的性质，而是指对一幅图像作品中整体颜色的概括性评价。也就是说，色调是指一幅图像色彩外观的基本倾向。色调可以从色相、亮度、冷暖、饱和度 4 个方面来定义。通常所谓的色相与冷暖色调的关系如图 3-9 所示。

色调之间的搭配可以分为同色调搭配、45° 或 90° 的类似色调搭配或者 135° 或 180° 的对比色调搭配。另外，根据亮度的不同可以将颜色由黑色到白色分为三个等级：黑色部分为低调，白色部分为高调，灰色部分为中调，由此构成三个基本色调。然后将不同亮度的基本色调与不同颜色进行组合，形成新的色调搭配。同理，也可根据饱和度的不同分为几个基本色调，再与别的颜色搭配构成其他色调。

4. 色彩心理

色彩心理是指通过不同的颜色组合与风格使人的心理产生反应，例如，快乐、悲伤等。

每种颜色都有其自身的语言信息，能引起不同人的各种情绪反应。因此，在作品创作时，需要将色彩心理应用到色彩设计和色彩构成中，这样才能够使作品引起人们的共鸣。

表 3-1 列出了几种颜色可能表达的情感，但是由于地域差异和文化背景的不同，人的心理感受可能也会有所不同。

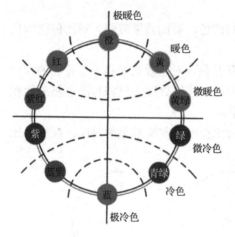

图 3-9　色相与冷暖色调的关系

表 3-1　几种颜色可能表达的情感

颜　色	可能表达的情感
红	活跃、热情、勇敢、爱情、健康、野蛮
橙	辉煌、充实、温暖、友爱、豪爽、积极
黄	神圣、智慧、忠诚、希望、喜悦、光明
绿	和平、生机、新鲜、自然、幸福、理智
蓝	辽阔、永恒、自信、真实、深远、冷静
紫	高贵、神秘、尊敬、优雅、信仰、孤独
黑	严肃、气势、神秘、恐怖、黑暗、压力
白	神圣、纯洁、平安、明亮、祥和、诚实
灰	和谐、平凡、温柔、优雅、谦逊、朴素

无论何种色彩，其所表达的情感都不是单一的。因此，要分析作品色彩的搭配，首先要分析作品主题的情绪和气氛，将反映这些情绪和气氛的色彩相互结合和相互衬托才能获得最佳的意境和效果。

3.3　图像素材采集

采集图像素材可以使用屏幕截图、设备拍摄、网络下载等方式，本节介绍前两种方式。注意，采集和使用图像素材时不能侵权。

3.3.1　屏幕截图

在制作某些类型的数字媒体作品时，如数字媒体课件，需要大量截取计算机屏幕上显示的软件窗口或对话框、网页页面以及视频画面等内容，并将其存储为图像或复制到剪贴板中，这个过程称为屏幕截图，也可称为屏幕捕获。

屏幕截图的方法很多，可以利用键盘上的 Print Screen 键，也可以使用屏幕截图工具。

（1）使用 Print Screen 键截屏

常规的计算机键盘上都有 Print Screen 键，其功能是全屏截图。当按下该键以后，系统会自动将当前全屏画面截取为图像并保存到剪贴板中，然后我们可以在图像处理软件中粘贴该截图，并进行编辑处理。按住 Alt 键再按下 Print Screen 键可以直接截取当前的活动窗口。

使用 Print Screen 键对于截取屏幕上的局部内容并不方便，例如，无法直接截取一个活动窗口中的按钮、菜单栏或工具栏图像，只能先截取整个桌面图像，然后借助其他软件进行编辑处理。对于滚动窗口、滚屏网页，则无法截图。

（2）使用屏幕截图工具 SnagIt

有很多屏幕截图工具能够方便地实现对计算机屏幕上的各种区域进行截图。SnagIt 是 TechSmith 公司的产品，它不仅可以捕获（Capture）Windows 屏幕、视频和游戏画面，还可以捕获级联菜单、滚动窗口以及用户自定义区域等内容。捕获后的图像可存储为 BMP、JPEG、TIFF、GIF 等多种格式。在捕获方案设置栏中可以选择是否包括光标、添加水印等。此外，在保存图像之前，还可以用 SnagIt 自带的编辑器进行编辑，如修剪、旋转、调整图像大小、调整图像颜色、设置边框，以及添加注释、箭头和直线等。

【例 3-1】　使用 SnagIt 工具捕捉 Photoshop 软件的级联菜单。

1）启动 SnagIt，Image 页面如图 3-10 所示。

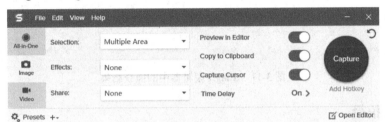

图 3-10　Image 页面

2）设置 Selection（捕获方案），在 Selection 下拉列表中选择"Advanced | Multiple Area"选项。其他选项说明如下。

● Region（范围）：自由捕获屏幕上任意区域的内容。

● Window（窗口）：捕获屏幕上的活动窗口。

● Fullscreen（全屏幕）：全屏捕获。

● Scrolling Window（滚动窗口）：捕获带有滚动条的超长网页。

● Panoramic（全景捕获）：单击 Start 按钮后拖动鼠标捕获长图，单击 Stop 按钮结束捕获。

● Grab Text（窗口文本）：将当前窗口的文字捕获出来，相当于 OCR（光学字符识别）功能。

● Advanced（高级选项）：可根据需要捕获对象（Object）、菜单（Menu）和多区域（Multiple Area）等。

3）设置 Time Delay（延迟时间）为 On，延迟时间为 10 秒。

4）启动 Photoshop。

5）切换回 SnagIt，单击 Capture（捕获）按钮。

6）在 10 秒之内，打开 Photoshop 的"文字 | 语言选项"级联菜单，待 SnagIt 进入捕获状态后，分别在菜单栏、"文字"菜单项和"语言选项"子菜单项上单击，将三者一起选中，然后单击浮动面板上的 Finish 按钮完成捕获。捕获结果将出现在 SnagIt 编辑器中，如图 3-11 所示。

7）在 SnagIt 编辑器中单击 Copy All（全部复制）按钮，将捕获结果复制到剪贴板中，然后就可以粘贴到其他文件中进行处理了。

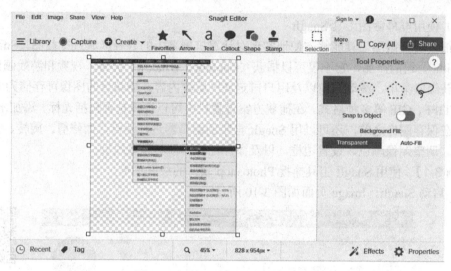

图 3-11　SnagIt 编辑器中的捕获结果

3.3.2　设备拍摄

利用数码设备拍摄照片是采集数字图像的重要途径。具有照片拍摄功能的数码设备种类很多，如专业的数码相机、智能手机、平板电脑等。

1. 数码摄影常用术语

（1）镜头与焦距

如图 3-12 所示，相机的镜头是由一组透镜组成的，当光线穿过透镜时，会成像到一个平面上，称为成像面。透镜中心到成像面的距离，就称为焦距，一般使用 mm（毫米）作为镜头焦距的单位。

焦距固定的镜头称为定焦镜头，可以调节焦距的镜头称为变焦镜头。镜头的焦距决定了被拍摄景物所形成的影像的大小。如果以相同的距离对同一景物进行拍摄，镜头的焦距越长则获得的景物影像就越大。在摄影中，焦距也反映镜头视角的大小。

（2）景深

被拍摄的景物只有成像在聚焦平面上，即成像面上的时候，其影像才是最清晰的。如果景物成像于聚焦平面之前或者之后，则清晰度会有所下降。景深就是指图像在对焦前后所能形成清晰图像的范围。景深越小，背景就越虚，如图 3-13 所示。

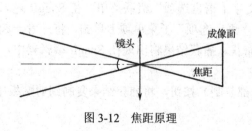

图 3-12　焦距原理

图 3-13　小景深效果

（3）光学变焦与数码变焦

光学变焦是通过光学镜头结构的变化来实现的，通过移动镜片来放大或缩小所拍摄的景物影像。数码变焦是指利用相机内部的数字处理部件将图像的单位像素的面积增大，从而实现放大图像的目的。数码变焦会在一定程度上影响拍摄到的图像的清晰度。

（4）像素（数）与分辨率

像素（数）是由相机里光电传感器上的光敏元件数量所决定的，一个光敏元件对应一个像素，像素越多，拍摄出来的照片越细腻。像素分为总像素和有效像素。总像素也就是最大像素，是经过插值运算后获得的。有效像素是真正参与感光成像的像素，是决定成像质量的关键。分辨率和图像中包含的像素数有直接的关系，用单位英寸范围内的像素数表示。数码相机的最大分辨率表示它能够拍摄的最大图像的面积。

（5）ISO

ISO（感光度）表示CCD（电荷耦合器件）或者CMOS（互补金属氧化物半导体）感光材料对于光线的敏感程度。ISO越大说明感光材料的感光能力越强。ISO增大，其感光速度也随之增加，例如，ISO200的感光速度比ISO100的感光速度大约提高一倍。较高的ISO可以在快门速度和光圈不变的情况下获得更强的曝光量。例如，在光线较暗的环境下拍摄，就可以通过调高ISO来增加照片的亮度，但是，ISO的提高可能会增加照片中的噪点。

（6）曝光补偿

曝光补偿是一种曝光控制方式，当拍摄的画面效果偏亮或者偏暗时，需要使用曝光补偿。曝光补偿的基本原则是"白加黑减"。被拍摄物体越白，越需要增加曝光补偿，这是因为白色容易反光，数码相机在测光时会以为被摄物体很亮，会把快门速度加快，因此通光量不足，这个时候就需要人为地改变快门速度，增加曝光补偿。拍摄黑色物体则相反，需要减少曝光补偿。

（7）白平衡

白平衡是指无论环境光线如何变化，都要让数码相机能辨认出白色，从而平衡其他颜色在有色光线下的色调。通常，在正常光线下看起来是白色的景物在较暗的光线下可能不是白色的，例如，荧光灯下的白色与正常日光下的白色就有所不同。因此，如果能调整白平衡，就能在所得到的照片中正确地以白色为基色来还原其他颜色。数码相机具有多种白平衡模式，适应不同场景的拍摄，如自动白平衡、钨光白平衡、荧光白平衡、室内白平衡和手动白平衡等。其中，自动白平衡是指由数码相机自动根据环境设置白平衡，钨光白平衡常用于在钨丝灯泡光源环境中拍摄，荧光白平衡则用于荧光灯等冷光源环境中拍摄。

2. 摄影构图

作为摄影艺术重要的造型及表现手段，构图起着非常重要的作用。从表面看，摄影构图是安排和布置拍摄的各个要素；从深层来说，摄影构图是拍摄者对于客观世界的理解和发现，表达了拍摄者的思维理念。如果将摄影表达为绘画艺术，那么构图就是这门艺术的核心。

（1）构图的要素

构图的要素主要包括主体、前景、背景、陪体、线条和色彩。

① 主体：主体是画面的主要表现对象，应该成为吸引观赏者的视觉中心。为了突出主

体，需要考虑三个方面的内容：主体的位置突出，主体的形状、轮廓、色彩和清晰度突出，主体的大小突出。主体突出效果如图 3-14 所示。

②　前景：前景是处于被摄主体之前的景物，距离拍摄者最近。其主要作用是增加空间感、表现环境以及渲染气氛，如图 3-15 所示。

图 3-14　主体突出效果　　　　　　　　　　　　图 3-15　前景的作用

③　背景：背景是处于被拍摄主体后面的景物。背景的作用是说明环境、营造气氛和表现画面主题。如果背景在画面中不能表达明确的意义，则可以将其排除或虚化，如图 3-16 所示。

④　陪体：是指在画面中起陪衬作用的物体。其作用是衬托和渲染主体，如图 3-17 所示。

图 3-16　虚化背景　　　　　　　　　　　　　图 3-17　周围的小花作为陪体的效果

⑤　线条：不同的线条可以带给人不同的视觉感受，如光、路、桥等自然界中的线条。线条的效果如图 3-18 所示。

⑥　色彩：是指在构图时关注画面中色彩的冷暖、对比和协调等。冷色调效果如图 3-19 所示。

（2）构图的方法

构图的方法可以总结为直线构图、斜线构图、十字线构图、放射线构图、曲线构图、三角形构图、框式构图、黄金分割、均衡构图和对比构图等。

图 3-18　线条的效果　　　　　　　　　　图 3-19　冷色调效果

3.4　图像处理软件 Photoshop

Photoshop 是 Adobe 公司推出的专业数字图像处理软件，支持多种图像格式，提供友好的用户界面，功能完善强大，广泛应用于平面媒体、广告设计、摄影处理、数字媒体制作、网页设计等多个领域。主要功能介绍如下。

① 图像编辑：能实现对图像的选择、移动、复制、变换、裁剪等基本编辑操作。

② 图像合成：能轻松实现不同图像完美无缝合成，是创意设计的重要手段。

③ 绘图：提供类似于真实画笔的绘图工具，让鼠标绘图的效果可与手绘相媲美。

④ 色彩调整：提供一组色彩操作命令，能实现图像的明暗、对比、颜色的精确调节。

⑤ 图像修复：提供修复修补工具，能消除图像中的瑕疵。

⑥ 文字处理：具有专门的文字工具，能制作与图像一样精美的文字效果。

⑦ 特效处理：提供样式、滤镜等特效工具，能在图像上实现特殊的艺术效果。

⑧ 自动化处理：可以把图像处理中的重复操作录制成动作，多次执行以提高效率。

3.4.1　Photoshop 工作界面

Photoshop 2020 工作界面如图 3-20 所示，由菜单栏、工具箱、工具选项栏、工作区与工作文件、面板组成。

1. 菜单栏

菜单栏提供了执行操作的命令，这些命令按主题和功能进行分类组织。

文件：用以执行文件操作，如文件的新建、打开、保存等。

编辑：用以对图像进行编辑处理，如图像的复制、粘贴、变换等。

图像：用以对图像的模式、大小、色彩进行调整。

图层：用以对图层进行处理，如添加图层、设置图层样式、合并图层等。

文字：用以对文字进行编辑处理，如创建文字、排版、变形、栅格化等。

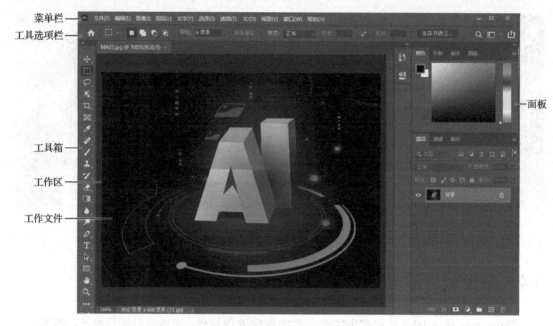

图 3-20　Photoshop 2020 工作界面

选择：用以对选区进行编辑，如修改选区、变换选区、存储选区等。

滤镜：集成了各种滤镜，可对图像设置特殊效果，如模糊、扭曲、渲染等。

3D：可转入 3D 工作区进行 3D 材质贴图，制作 3D 效果图像。

视图：用以设置当前工作文件的视图方式，如放大缩小、设置屏幕模式、显示标尺或网格等。

窗口：用以设置多工作文件的排列方式、切换工作区、显示/隐藏面板。

2．工具箱

工具箱中保存着一些用于创建和编辑图像的工具。利用这些工具，可以制作选区、绘画、添加文字、设置颜色等。当工具箱中的工具为单栏显示时，可以单击扩展按钮▶▶转换成双栏显示。同类的工具集成在一个工具组中，并不会全部显示出来，只显示该工具组当前选中的工具图标，右击该工具图标或单击工具图标右下角的▶按钮，就会显示功能相近的其他工具。表 3-2 简要介绍了工具箱中部分工具的功能。

表 3-2　部分工具简介

图标	名　称	功　能	图标	名　称	功　能
	矩形选框工具	创建选区		减淡工具	擦亮图像
	移动工具	移动所选区域的对象		钢笔工具	制作路径
	套索工具	创建不规则选区		文字工具	输入文字
	快速选择工具	选择颜色相似区域		路径选择工具	选择现有路径
	裁切工具	裁切图像		图框工具	为图像创建占位框

续表

图标	名　称	功　能	图标	名　称	功　能
	切片工具	分割图像		注释工具	添加文字注释
	修复画笔工具	图像修复		吸管工具	选择颜色
	画笔工具	绘制图像		抓手工具	移动图像显示区
	仿制图章工具	复制图像		缩放工具	放大缩小图像
	历史记录画笔工具	恢复到某一历史状态		前/背景色	设置前景和背景色
	橡皮擦工具	擦除图像		快速蒙版	快速蒙版编辑方式
	渐变工具	填充渐变		标准屏幕模式	设置屏幕显示模式
	模糊工具	制作图像模糊效果			

3. 工具选项栏

工具选项栏中的内容是随着选取的工具而改变的。它用于针对具体的工具进行选项设置。图 3-21 是矩形选框工具选项栏。

图 3-21　矩形选框工具选项栏

4. 工作区与工作文件

工作区是显示和处理图像的区域。在工作区的顶部会显示文件名、格式、缩放比例、颜色模型等。在工作区中一次可以打开多个文件，但是当前被操作的文件只能有一个，即工作文件。当多个文件显示在工作区中时，可以执行"窗口｜排列"菜单命令，在级联菜单中设置层叠、平铺、浮动等排列方式。

5. 面板

面板中汇集了图像编辑处理时常用的选项和功能，可以在"窗口"菜单下选择要打开的面板，也可以执行"窗口｜工作区｜基本功能"菜单命令，显示颜色、图层等基本面板，如图 3-22 所示。单击面板上的▶▶按钮，可以将面板展开显示；单击◀◀按钮则收缩为图标状态。单击面板上的列表图标■可以打开面板菜单。面板菜单中通常包括该面板中的选项以及相应的操作命令。

图 3-22　面板

【例 3-2】　邮票的制作。

1）执行"文件｜打开"菜单命令，打开"邮票 1.jpg"文件。

2）执行"图像｜图像大小"菜单命令，打开"图像大小"对话框，可见当前图像宽度为 21.06 厘米，图像高度为 34.08 厘米。

3）设置为约束变化比例，然后修改图像大小，设置图像宽度为 10 厘米。

4）执行"图像｜画布大小"菜单命令，打开"画布大小"对话框，将画布宽度修改为 20 厘米，定位设置为从左向右扩展，如图 3-23 所示。画布扩展后的效果如图 3-24 所示。

5）执行"图像｜画布大小"菜单命令，打开"画布大小"对话框，将画布高度扩展为原来的 2 倍，即由 16.23 厘米修改为 32.46 厘米，定位设置为从上向下扩展。

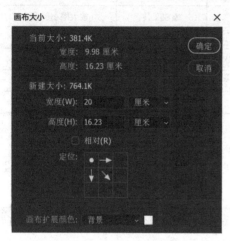

图 3-23　修改画布宽度　　　　　　　　图 3-24　画布扩展后的效果

6）打开其他邮票文件，按步骤 3）修改各图像的大小。

7）选择移动工具，将其他邮票拖动到邮票 1 文件中。排列好邮票的位置，效果如图 3-25 所示。

图 3-25　画布放大及图像放置效果

8）执行"文件｜存储为"菜单命令，保存文件为"邮票.jpg"。

3.4.2　图层

1. 图层概念

在 Photoshop 中处理较复杂的图像时，最好分层处理。图层就像一张一张叠起来的透明胶片，每张透明胶片上都有不同的画面，可以透过图层的透明区域看到下面的图层，改变图层的顺序和属性可以改变图像的最终效果。如图 3-26 所示，花瓶图像实际上是由三个图层叠加而成的。使用图层可以让图像的组织结构更加清晰，对单个图层的调整也不会影响到其他层的图层，便于对图像进行编辑。

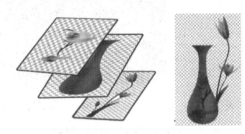

图 3-26　图层叠加效果

2. 图层面板

Photoshop 中对图层的操作主要通过"图层"菜单和图层面板实现。执行"窗口 | 图层"菜单命令，打开图层面板，如图 3-27 所示。下面通过实例介绍图层操作和图层面板的使用。

【例 3-3】　制作奥运五环。

1）执行"文件 | 打开"菜单命令，打开资源包中的"Olympic.psd"文件。

2）打开图层面板，单击图层 1 的眼睛图标使之变为 ，即显示图层 1，如图 3-28 所示。在工作区中将显示出一个蓝色的圆环。

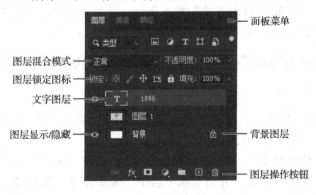

图 3-27　图层面板

图 3-28　工作文件的图层面板

3）选中图层 1，执行"图层 | 复制图层"菜单命令，建立 4 个图层 1 的副本。选择工具箱中的移动工具，移动重叠的圆环，使 5 个圆环均可见。

4）选中图层 1，执行"图层 | 重命名图层"菜单命令，或者直接在图层面板中双击图层名称，将图层重命名为蓝色。同样，将其他圆环所在的图层分别重命名为黄色、黑色、绿色和红色。

5）选中"蓝色"图层，单击图层面板底部的 **fx** 按钮，打开图层样式列表，选择"斜面和浮雕"，如图 3-29 所示。设置斜面和浮雕样式，如图 3-30 所示。

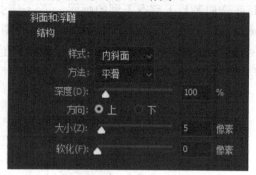

图 3-29　图层样式列表　　　　　图 3-30　设置斜面和浮雕样式

6）选中"黄色"图层，同样，为其设置斜面和浮雕样式。再次打开图层样式列表，选择"颜色叠加"，在弹出的"图层样式"窗口中单击颜色块，选择叠加颜色为黄色（R:252,G:178,B:45）。

7）接下来可以复制图层样式。首先，选中"黄色"图层，执行"图层 | 图层样式 | 复制图层样式"菜单命令，然后，选中"黑色"图层，执行"图层 | 图层样式 | 粘贴图层样式"菜单命令。此时，"黑色"图层中的圆环变成与"黄色"图层中的圆环一样的效果。选择"颜色叠加"，修改叠加颜色为黑色（R:0,G:0,B:0）。同样，将图层样式复制给其他圆环图层，再分别修改叠加颜色为绿色（R:0,G:166,B:78）和红色（R:237,G:26,B:25）。

8）单击图层面板底部的 ▢ 按钮，创建图层组，命名为"五环"。拖动圆环所在的全部图层到该组中。

9）选中"五环"图层组，执行"编辑 | 自由变换"菜单命令，在工具选项栏中选中 🔗 按钮，保持长宽等比缩放，调整圆环大小，单击 ✔ 按钮进行变换，如图 3-31 所示。

🏠　　X: 354.86 像素　△　Y: 134.14 像素　W: 103.40%　⬚　H: 105.56%　∠ 0.00　度　H: 0.00　度 V: 0.00　度　插值: 两次立方　⌄　🚫 ✔ 🔍 ▢ 📤

图 3-31　自由变换工具选项栏

10）单独选中每个圆环图层，使用移动工具按照奥运五环的样子分别调整圆环的位置，圆环的颜色从左到右依次为蓝、黄、黑、绿、红。

11）选中"红色"图层，按住 Ctrl 键不放，继续选中"蓝色"图层和"黑色"图层。执行"图层 | 对齐 | 顶边"菜单命令和"图层 | 分布 | 水平居中"菜单命令，调整这三个圆环在水平方向上对齐并且间距相等。同样，调整黄色和绿色圆环的顶边对齐。

12）在图层面板中上下拖动各圆环图层，调整图层的顺序，以改变圆环的层次关系。图层的顺序从上到下依次是"红色"、"绿色"、"黑色"、"黄色"和"蓝色"，效果如图 3-32 所示。

图 3-32　五环排列效果

13）选中文字图层"1896"，设置斜面和浮雕样式为"枕状浮雕"，方向为下；设置投影样式，为文字添加黑色的阴影效果，如图 3-33（a）所示；添加描边样式，设置颜色为白色，大小为 2 像素，位置为内部，如图 3-33（b）所示。

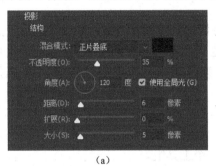

（a）

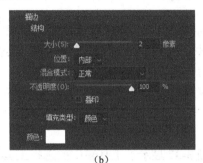

（b）

图 3-33　设置投影和描边样式

14）选择文字工具 ，在工具选项栏中设置字体为 Impact，大小为 80 点，在工作区中单击，输入文字"ATHENS"。设置文字图层样式，如图 3-34 所示，设置渐变叠加样式，使用预设中的"橙，黄，橙"渐变。设置斜面和浮雕样式为"枕状浮雕"，方向为下。

15）执行"窗口｜字符"菜单命令，打开字符面板，选中字母"A"，在字符面板中设置垂直缩放为 150%，改变字母的高度，如图 3-35 所示。

图 3-34　设置渐变叠加样式

图 3-35　字符面板设置

16）执行"文件｜存储为"菜单命令，保存文件为"奥运起源.psd"。图像完成效果如图 3-36 所示。

图 3-36　图像完成效果

3.4.3　选区

选区可用于分离图像或者编辑图像的一部分区域，是图像合成的基础。对选区的编辑操作只会对选择范围内的图像有效，其他部分是不会被改动的。同时，制作选区也是绘制图像的一种方法。选区的操作主要通过"选择"菜单、"编辑"菜单、工具箱中的选择工具和对应的工具选项栏实现。

1. 选择工具

图 3-37 显示了工具箱中的选择工具，分为三个工具组。

（1）选框工具组：用来制作规范的矩形、椭圆、单行、单列选区。配合 Shift 键使用可创建正方形或圆形选区。配合 Alt 键使用可以以一个点为中心创建选区。

（2）套索工具组：用来创建不规则的选区。其中，套索工具用来创建手绘选区。多边形套索工具可以创建多边形选区。磁性套索工具可以自动识别物体的边缘，并形成选区，特别适用于快速选择与背景对比强烈且边缘复杂的对象。

（3）魔棒工具组：其中，魔棒工具用来选择颜色相同或相近的区域。可以在对应的工具选项栏中设置颜色的采样范围，即容差，容差越大颜色范围就越大。快速选择工具，利用可调整的圆形画笔笔尖能够快速扩展选区。拖动时，选区会向外扩展并自动查找和跟随图像中定义的边缘。对象选择工具选择对象时，可自动识别对象区域的边缘。

图 3-37　选择工具

2. 选区编辑

选区的编辑主要通过"选择"菜单和"编辑"菜单实现。

（1）复制选区：选择移动工具，按住 Alt 键不放拖动选区可实现选区的复制。也可执行"编辑｜复制"菜单命令和"编辑｜粘贴"菜单命令来复制和粘贴选区。

（2）变换和变换选区：执行"编辑｜变换"菜单命令和"自由变换"菜单命令，可对选区内的图像进行变换。执行"选择｜变换选区"菜单命令，可对选区进行变换，选区内的图像不会变化。

（3）填充和描边：执行"编辑｜填充"菜单命令，可为当前图层或者选区填充颜色和图案。执行"编辑｜描边"菜单命令，可用指定颜色和宽度的线条描绘选区的边缘。

（4）羽化：羽化可软化选区的边缘，使边缘变得模糊。羽化分为两种：前期羽化，在用选框工具组画选区之前在工具选项栏里输入羽化半径值，直接得到一个羽化的选区；后期羽化，对一个有像素的选区执行"选择｜修改｜羽化"菜单命令。羽化的效果只有在移动、复制选区，或改变选区形状和大小等操作后才能显现。

（5）修改选区：执行"选择｜修改"菜单命令，在级联菜单中可执行"扩展"或"收缩"菜单命令，对选区进行定量的放大或缩小；"平滑"菜单命令用于对选区的棱角部分做平滑处理；"边界"菜单命令就是根据设定的宽度值来创建出一个中间为空的新选区。

（6）存储和载入选区：执行"选择｜存储选区"菜单命令，可将选区保存在一个新的通道中。执行"选择｜载入选区"菜单命令，可将通道中的选区在图层中显现。

（7）取消选区：执行"选择｜取消选择"菜单命令，或者在选区之外的位置单击，可取消选区。

【例 3-4】　5G 科技与城市图像合成。

【本例题来源于上海市高等学校信息技术水平考试 2019 年试题】

1）执行"文件｜打开"菜单命令，打开"城市.jpg"、"手机.jpg"和"5G.jpg"三个图像素材，三个文件分别出现在 Photoshop 工作区的三个选项卡内。

2）选择"手机"选项卡，使用魔棒工具，单击图像的蓝色背景，将背景创建为选区。单击选区工具选项栏中的"添加到选区"按钮，单击图像中拇指与手机之间的蓝色区域以添加选区；执行"选择｜反选"菜单命令，完成手持手机图像的选区创建，如图 3-38 所示。

(a)　　　　　　　　　　　　　　　(b)

图 3-38　选择背景与反选效果对照

3）执行"编辑｜复制"菜单命令，复制选区内容。切换到"城市"选项卡，执行"编辑｜粘贴"菜单命令，将手持手机图像粘贴到城市背景图中，图层面板中自动增加了"图层 1"保存该图像。

4）执行"编辑｜变换｜缩放"菜单命令，在工具选项栏中将宽度 W 和高度 H 的值都设置为 60%，如图 3-39 所示。单击☑按钮或者按回车键完成缩小操作。适当调整手持手机图像的位置，使手机屏幕对准东方明珠塔，如图 3-40（a）所示。

图 3-39　缩放编辑设置

5）选择快速选择工具，在手机屏幕上单击，将整个屏幕创建为选区。在图层面板中单击"图层 1"前的眼睛图标，使之变灰，即可隐藏"图层 1"的内容。此时，能够看到背景图像上显示出手机屏幕的选区范围，如图 3-40（b）所示。

（a）　　　　　　　　　　　　（b）

图 3-40　制作手机屏幕选区

6）在图层面板中选择"背景"图层，执行"编辑｜复制"菜单命令，单击"图层 1"前的眼睛图标，恢复显示"图层 1"的内容。执行"编辑｜粘贴"菜单命令，将已复制的东方明珠塔图像粘贴到自动新建的"图层 2"中，粘贴的图像刚好覆盖在手机屏幕上，如图 3-41 所示。

图 3-41　手机屏幕图像合成

7）保持选择"图层 2"，执行"图像 | 调整 | 亮度/对比度"菜单命令，在弹出的"亮度/对比度"对话框中将亮度调整到 100，如图 3-42 所示。在工作区中可见，手机屏幕上的图像亮度增强了，如图 3-43 所示。

图 3-42　亮度设置　　　　　　　　　　图 3-43　加亮后的效果

8）选择"5G"选项卡，使用魔棒工具将"5G"字符创建为选区，执行"编辑 | 复制"菜单命令；切换到"城市"选项卡，执行"编辑 | 粘贴"菜单命令，将"5G"字符复制、粘贴过来。执行"编辑 | 自由变换"菜单命令，将"5G"字符的大小缩小为原来的 25%。使用移动工具，将该字符移动到图像左上角。

9）选择文字工具，在"5G"字符下方单击，输入文字"科技引领未来"。在文字工具选项栏中设置字体为黑体、大小为 16 点、效果为平滑、颜色为白色，如图 3-44 所示。

图 3-44　文字工具选项栏

10）执行"文件 | 存储为"菜单命令，保存文件为"科技引领未来.psd"。图像完成效果如图 3-45 所示。

图 3-45　图像完成效果

3.4.4 绘图

Photoshop 提供了画笔与铅笔两种基本绘图工具：画笔工具以毛笔的风格绘画，线条比较柔和；铅笔工具以硬笔的风格绘画，可以得到硬边图线。

1. 画笔工具选项栏

图 3-46 是画笔工具选项栏，可以选择预设画笔，还可以设置画笔颜色和基色的混合模式，设置画笔的不透明度和流量，以及启动喷枪功能。

图 3-46　画笔工具选项栏

单击"画笔"设置的向下箭头，可以打开"画笔预设"选择器，如图 3-47 所示。画笔预设是一种存储的画笔样式，已经预先设定了直径、形状和硬度等特性。Photoshop 中提供了若干画笔预设样式，例如，书法画笔、自然画笔等。单击图 3-47 右上角的 ⚙ 按钮，可以从中直接选择。用户还可以自定义画笔，或者从互联网上下载画笔。

铅笔工具选项栏和画笔工具选项栏类似，但是没有喷枪功能，而是多一项自动涂抹功能。勾选此项后，当光标所在位置的图像颜色与前景色相同时，铅笔工具会自动擦除前景色，转而用背景色绘画。

2. 画笔面板

单击画笔工具选项栏中的 ▨ 按钮，或者执行"窗口｜画笔设置"菜单命令，打开画笔设置面板，如图 3-48 所示。可以在画笔设置面板中设置画笔笔尖形状。画笔设置面板中的各项说明如下。

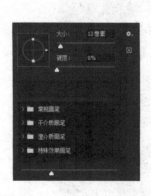

图 3-47　"画笔预设"选择器

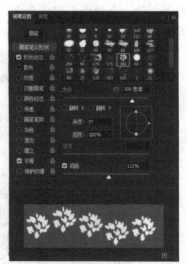

图 3-48　画笔设置面板

- 大小：控制画笔笔尖的大小。
- 翻转 X 和翻转 Y：改变画笔笔尖在横轴或纵轴上的方向。
- 角度：设置画笔长轴在水平方向上的旋转角度。
- 圆度：指定画笔长轴和短轴的比例。
- 硬度：控制画笔中心的硬度大小。硬度越小，画笔边缘越模糊。
- 间距：控制两个画笔笔迹之间的距离。

【例 3-5】 绘制中国传统画——翠竹。

1）新建文件，设置图像宽度为 400 像素，高度为 500 像素，颜色模式为 RGB 颜色，背景为白色。

2）新建图层 1，使用矩形选框工具绘制一个矩形选区，设置前景色为浅绿（R:179,G:209,B:139），背景色为深绿（R:89,G:132,B:43）。选择渐变工具，在工具选项栏中打开渐变编辑器，选择"前景色到背景色渐变"，如图 3-49（a）所示，单击"确定"按钮，将在矩形选区中添加渐变效果，如图 3-49（b）所示。

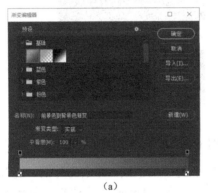

（a）　　　　　　　　　（b）

图 3-49　用渐变色填充选区

3）用椭圆选框工具在矩形右侧绘制一个椭圆选区，执行"编辑｜剪切"菜单命令，然后再在左侧绘制一个椭圆选区，如图 3-50 所示，再次执行"编辑｜剪切"菜单命令。

4）执行"编辑｜变换｜变形"菜单命令，效果如图 3-51（a）所示，修饰竹节的形状，效果如图 3-51（b）所示。执行"编辑｜自由变换"菜单命令适当调整竹节的大小。单个竹节制作好后复制该图层，使用移动工具将复制的竹节放在适当的位置上，做成如图 3-51（c）所示的竹节效果。

5）建立图层组，命名为"竹子"。将"图层 1"和"图层 1 副本"拖动到组中。复制图层组，通过移动、旋转、缩放等操作制作竹子的主体和枝杈，效果如图 3-52 所示。

6）新建图层，命名为"叶子"。选择画笔工具，设置前景色为深绿色（R:89,G:132,B:43），打开画笔设置面板，设置画笔笔尖为圆形，大小为 9 像素，圆度为 76%，间距为 44%，如图 3-53（a）所示。勾选"形状动态"，设置控制为"渐隐"，数值为 25，如图 3-53（b）所示。勾选"传递"，设置控制为"渐隐"，数值为 25，如图 3-53（c）所示。使用该画笔在"叶子"图层上绘制竹叶，效果如图 3-53（d）所示。

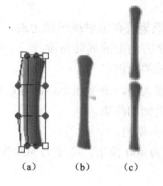

(a)　　　(b)　　　(c)

图 3-50　剪切效果　　　　　　　图 3-51　竹节效果　　　　　　图 3-52　竹子主体和枝杈

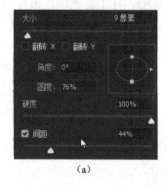

(a)

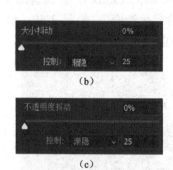

(b)

(c)

(d)

图 3-53　画笔笔尖设置和竹叶效果

图 3-54　图像完成效果

7）新建空白图层，命名为外框。使用矩形选框工具绘制两个矩形选区，执行"编辑｜描边"菜单命令，描边宽度分别设为 1 像素和 3 像素，制作黑色外框效果。

8）使用文字工具，在画框左下角输入文字"翠竹"。

9）保存文件为"翠竹.psd"，图像完成效果如图 3-54 所示。

3.4.5　路径

Photoshop 提供了路径功能，用来绘制线条和曲线，并可对绘制的线条进行填充和描边操作，从而完成一些绘图工具所不能完成的工作。路径还可以用来制作选区。当图像轮廓比较复杂时，使用路径可以比较简单地将轮廓描绘出来，然后再将路径转换为选区。

1．路径的概念

路径是由一些点连接起来的一段或多段有方向的线段或曲线，由锚点、控制手柄和方向点组成，如图 3-55 所示。锚点是路径上各线条端点的总称；控制手柄又称为方向线，是控制曲线方向和形状的线段；方向点是控制手柄末端的端点，用来调节手柄的长短和方向。

路径可以是封闭的，也可以是开放的。图 3-55 是一段开放的路径，它由两段曲线组成。路径上有三个锚点，每个锚点有两条方向线。

2. 绘制路径

路径工具组包括钢笔工具组和路径选择工具组。钢笔工具组中，钢笔工具、自由钢笔工具和弯度钢笔工具用于创建路径，添加锚点工具和删除锚点工具分别用于添加和删除锚点，转换点工具用于实现平滑点和角点之间的转换。路径选择工具组中，路径选择工具用于选择和移动路径，直接选择工具用于调整路径形状，如图 3-56 所示。

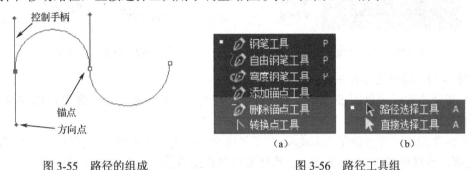

图 3-55　路径的组成　　　　　　　　图 3-56　路径工具组

用钢笔工具绘制的路径主要由 C 形（单峰）曲线和 S 形曲线连接而成。先沿着曲线前行的方向拖动第一个方向点，然后沿着反方向拖动第二个方向点，则绘制出 C 形曲线，如图 3-57（a）所示；如果沿着同方向拖动第二个方向点，则绘制出 S 形曲线，如图 3-57（b）所示。选中锚点，按 Alt 键，可以删除该锚点的方向线，对该锚点重新绘制方向线，从而重新设计后续曲线样式。例如，绘制两段向上弯曲的曲线时，绘制好第一条曲线后，按住 Alt 键不放，将中间锚点下面的方向线移到上面，然后再绘制第二段曲线，如图 3-57（c）所示。

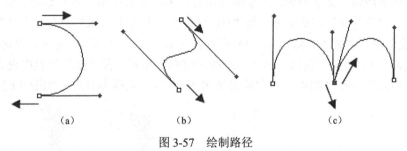

（a）　　　　　　　　（b）　　　　　　　　（c）

图 3-57　绘制路径

3. 路径面板

路径面板是用来管理路径的，用户可通过路径面板执行所有涉及路径的操作，例如，添加/删除路径、描边路径、填充路径和建立选区等。图 3-58 是路径面板及其快捷菜单。

4. 路径文字

路径文字是指以路径为基线，制作沿路径排列的文字或在封闭路径内排列的文字。选择文字工具，把鼠标指针放在路径上，当指针变成工形状时在路径上单击，路径上将会出现一个插入点，即可输入沿路径排列的文字。选择路径选择工具或者直接选择工具，放在路径上的鼠标指针会变成 ┣ 形状，此时可以移动文字的起点和终点来改变文字在路径上的位置。当把鼠标指针放在封闭的路径内时，可以把文字排列在封闭路径内，如图 3-59 所示。

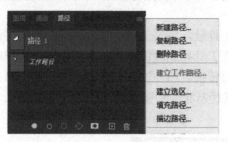

图 3-58　路径面板和快捷菜单

图 3-59　路径文字效果

【例 3-6】　绘制艺术花瓶。

1）新建文件，设置图像宽度为 500 像素，高度为 600 像素，颜色模式为 RGB 颜色，背景为白色。

2）新建图层，选择钢笔工具 ⌗，在工具选项栏中选择"路径"，勾出花瓶（左侧）的大致轮廓，效果如图 3-60（a）所示，选择添加锚点工具 ⌗，在轮廓线上添加两个锚点。使用直接选择工具 ⌗，移动锚点的位置，调节锚点的方向线，修改花瓶左轮廓线，效果如图 3-60（b）所示。使用路径选择工具 ⌗ 把画好的花瓶左轮廓线移动到画布的正中位置。打开路径面板，可以看到花瓶左轮廓线构成的路径 1。

3）设置前景色为黄色（R:210,G:178,B:48），在路径面板中选择路径，使用前景色填充路径，得到花瓶左半部分。

4）回到图层面板，复制"图层 1"，选中复制得到的"图层 1 副本"图层，执行"编辑｜变换｜水平翻转"菜单命令，调整图像位置，得到整个花瓶，效果如图 3-61（a）所示。执行"图层｜向下合并"菜单命令，将"图层 1"和"图层 1 副本"合并，命名为"瓶身"。

5）新建图层，命名为"瓶口"。用椭圆选框工具绘制一个椭圆形选区，用前景色填充，效果如图 3-61（b）所示。为瓶口添加"斜面和浮雕"样式，在"结构"栏中设置样式为浮雕效果，方向为下；在"阴影"栏中设置角度为 90 度，高度为 0 度，如图 3-62 所示。

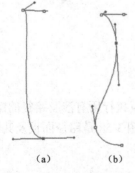

（a）　　　　（b）

图 3-60　花瓶左轮廓线

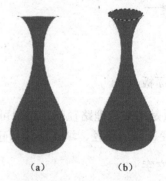

（a）　　　　（b）

图 3-61　花瓶瓶身和瓶口

6）参照图 3-63（a），使用加深工具 ⌗ 和减淡工具 ⌗ 处理瓶身和瓶口明亮的区域。在工具选项栏中设置加深工具和减淡工具的曝光度均为 20%，范围均为中间调。选择加深工具，在瓶体的暗部区域涂抹，可以先用稍大的笔刷把大面积的暗部擦出来，局部再用稍小的笔刷进行修饰。如果擦得过暗，就用减淡工具调亮一点。同样，用减淡工具处理亮部区域。最终效果如图 3-63（b）所示。

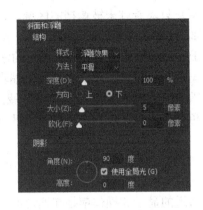

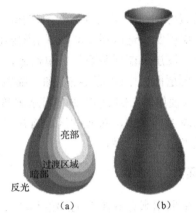

图 3-62　设置瓶口浮雕样式　　　　　　图 3-63　处理瓶身的明暗

7）打开文件"花 1.jpg"，使用魔棒工具选中图像中的白色区域，执行"选择｜反向"菜单命令，创建花朵选区。使用移动工具，把花朵选区拖动到花瓶图像中，此时，在图层面板中将新增"图层 1"。执行"编辑｜自由变换"菜单命令，旋转花朵，并缩放大小。在图层面板中调整图层的顺序，从上到下依次是"瓶口"、"图层 1"和"瓶身"图层。

8）选中花朵所在的"图层 1"，执行"图层｜创建剪贴蒙版"菜单命令，将花朵的显示区域限制在瓶身范围内，修改"图层 1"的混合模式为"正片叠底"，如图 3-64 所示。

9）打开文件"花 2.jpg"，选中花朵，并将其拖放到花瓶图像中，此时，图层面板中将新增"图层 2"，调整"图层 2"的次序，使其位于"瓶身"图层的下方。

10）新建图层，命名为"阴影"。选择椭圆选框工具，在工具选项栏中设置羽化半径为 20，绘制一个椭圆选区，执行"编辑｜填充"菜单命令，填充为黑色，不透明度设置为 30%，调整"阴影"图层的次序，使其位于最下层。

11）保存文件为"花瓶.psd"，图像完成效果如图 3-65 所示。

图 3-64　创建剪贴蒙版　　　　　　图 3-65　图像完成效果

3.4.6 蒙版与通道

1. 蒙版

蒙版就好比在图层上方加一个带孔的遮罩，用户只能看到未被遮挡的区域。在选择要链接的图层或制作选区后，可以单击图层面板底部的"添加矢量蒙版"按钮■来添加蒙版，或者执行"图层｜图层蒙版"菜单命令，创建用于显示或隐藏整个被链接图层的蒙版。

单击图层面板中的蒙版缩览图，缩览图上将出现一个边框，表示进入蒙版编辑状态。此时，可以使用黑/白/灰色的画笔或者渐变工具在蒙版上编辑需要显示和隐藏区域：蒙版上的黑色代表遮挡区域，对应的区域将被隐藏；白色代表可见区域；灰色对应的区域部分可见，呈现半透明的效果。

2. 通道

通道主要用来存放图像的颜色和选区信息，通道的显示和操作都是在通道面板中进行的。打开图像时，Photoshop 会自动创建颜色通道，通道的数量取决于图像的颜色模式。例如，RGB 图像有红色、绿色、蓝色三个单色通道和一个用于编辑图像的 RGB 复合通道。除了颜色通道，还有用于存储选区的 Alpha 通道，以及用于专色油墨印刷的专色通道。

【例 3-7】 利用蒙版制作水乡的荷塘月色。

1）打开文件"月色.jpg"和"荷花.jpg"。

2）将荷花图像全选，复制到月色图像中，图层面板中自动新增了"图层 1"，将该图层命名为"荷花"，调整好荷花的位置，如图 3-66（a）所示。选中"荷花"图层，单击图层面板底部的■按钮，添加一个显示全部的蒙版，如图 3-66（b）所示。

3）按住 Ctrl 键的同时，单击"荷花"图层的缩览图，选中其中的非透明区域。

4）选中蒙版，选择渐变工具，在工具选项栏中打开渐变编辑器，选择黑白线性渐变方式。在蒙版上绘制黑白渐变效果，如图 3-67 所示。

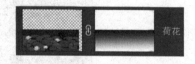

　　（a）　　　　　　　　　　　　　（b）

图 3-66　添加蒙版

图 3-67　编辑蒙版

5）选择画笔工具，在工具选项栏中设置适当的画笔直径，并设置前景色为白色，在蒙版上涂抹以调整可见区域，使荷花和荷叶可见。

6）打开文件"船.jpg"，使用椭圆选框工具框选取船图像，将其复制到月色图像中，图层命名为"船"。执行"编辑丨自由变换"菜单命令，将其缩放到适当大小，如图 3-68 所示。

7）选中"船"图层，添加图层蒙版。选择画笔工具，设置前景色为黑色，在蒙版上涂抹，仅使船可见。蒙版效果如图 3-69 所示。

图 3-68　将船图像合成到月色图像中　　　图 3-69　在"船"图层上添加蒙版

8）单击图层面板底部的 ▣ 按钮，选择"曲线"，创建调整图层。在属性面板中选择"曲线"，然后向下拖动曲线，如图 3-70 所示，将图像色调调暗些。

9）保存文件为"荷塘月色.psd"，图像完成效果如图 3-71 所示。

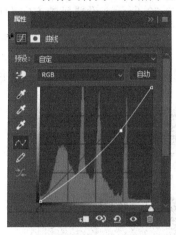

图 3-70　向下拖动曲线　　　　　　　　　图 3-71　图像完成效果

3.4.7　滤镜

滤镜是 Photoshop 的特色工具，它不仅给专业设计师提供了无限的创作空间，也给初学者提供了操作简便的图像处理功能，能轻松地获得炫目的效果。Photoshop 中使用"滤镜"菜单来管理各种滤镜。

滤镜分为内置滤镜和外挂滤镜。内置滤镜是 Photoshop 默认安装的滤镜。外挂滤镜是由第三方厂商开发的滤镜，一般后缀名是.8bf 或.exe，要先安装在增效工具目录中，重启 Photoshop 后才可以在"滤镜"菜单中使用外挂滤镜。"滤镜"菜单中的常用滤镜介绍如下。

- 液化：对图像实现褶皱、旋转、膨胀、扭曲等变形效果。
- 风格化：强化图像的色彩边缘，营造出一种印象派的图像效果。
- 模糊：使选区或图像柔和，淡化图像中不同色彩的边界。
- 扭曲：对图像应用各种扭曲变形的效果。
- 锐化：通过增加相邻像素的对比度使模糊图像变清晰。
- 渲染：制作云彩、光照、纤维、镜头光晕等效果。
- 像素化：将图像分成单元格，并转换成相应色块，最终图像由不同效果色块构成。
- 杂色：在图像中添加或者减少杂色。

【例 3-8】 制作火焰字——购物 11.11。

1）新建文件，设置图像宽度为 400 像素，高度为 200 像素，颜色模式为 RGB 颜色，背景为白色。

2）在背景图层中填充黑色。

3）输入文字"购物 11.11"，字体为黑体，大小为 80 点。执行"图层｜栅格化｜文字"菜单命令，使文字栅格化。

4）执行"图层｜向下合并"菜单命令，合并文字图层和背景图层。

5）执行"图像｜旋转画布｜逆时针 90 度"菜单命令，将画布逆时针旋转 90 度。

6）执行"滤镜｜风格化｜风"菜单命令，对话框如图 3-72 所示，设置风的方向为从右。多执行几次该命令，以增强风的效果。

7）执行"图像｜旋转画布｜顺时针 90 度"菜单命令，还原画布。

8）执行"滤镜｜扭曲｜波纹"菜单命令，制作火焰燃烧的效果，对话框如图 3-73 所示。

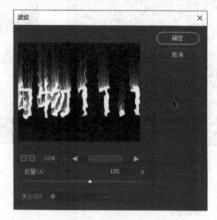

图 3-72 "风"对话框　　　　　　　图 3-73 "波纹"对话框

9）先执行"图像｜模式｜灰度"菜单命令，再执行"图像｜模式｜索引颜色"菜单命令，将颜色模式转换成索引模式。

10）执行"图像｜模式｜颜色表"菜单命令，打开"颜色表"对话框，设置颜色表为黑体。

11）执行"图像｜模式｜RGB 颜色"菜单命令，将颜色模式还原成 RGB 颜色。

12）保存文件为"火焰字.psd"，图像完成效果如图 3-74 所示。

图 3-74 图像完成效果

习题 3

1. 参照 Photoshop 样张 A1.jpg，按以下要求完成图像制作。【上海市高等学校信息技术水平考试 2021 年试题】

要求：

（1）新建一个 RGB 图像文件，尺寸为 560×800 像素，分辨率为 72 像素/英寸，背景从上往下填充径向渐变，颜色从#1b2e5a 到#47244e。

（2）将 PA01.jpg、PA02.jpg 分别合成到新建文件中，适当调整大小、位置，并将 PA02.jpg 的透明度调整为 20%。

（3）使用竖排文字工具输入"一步星海 国威浩渺"，楷体，60 点。添加图层样式：白色描边，投影，渐变叠加（线性渐变，颜色从#03adff 到#c93b9e，角度为 0）。使用横排文字工具在右下输入"神州 12 号"，隶书，48 点，居中对齐文本，添加样式为雕刻天空（文字）。

（4）在背景图层的适当位置添加"镜头光晕"滤镜效果，亮度设置为 130。

（5）在图像适当位置绘制一个蓝色边框，如样张所示。

2. 参照 Photoshop 样张 A2.jpg，按以下要求完成图像制作。【上海市高等学校信息技术水平考试 2019 年试题】

要求：

（1）打开素材文件 PA04.jpg，将 PA05.png 合成到 PA04.jpg 中，适当增加 PA05 的亮度。

（2）将 PA06.png 合成到 PA04.jpg 中，设置 PA06 所在图层的混合模式为"柔光"，在 PA06 图层上方复制一次该图层，并添加高斯模糊滤镜。

（3）将 PA07.png 合成到 PA04.jpg 中，设置图层混合模式为"颜色减淡"。

（4）添加文字"类脑智能技术"，字体为黑体、白色，大小为 72，添加"斜面和浮雕"和"光泽"图层样式。

（5）复制文字图层，通过变换、蒙版技术实现倒影效果。

（6）将 PA08.jpg 中的文字"AI"复制到大脑图层的上方，缩小到 50%，调整到合适的位置，设置图层混合模式为"叠加"。

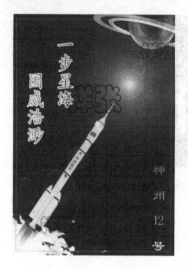
Photoshop 样张 A1.jpg

Photoshop 样张 A2.jpg

第4章

数字动画技术与应用

动画是一种综合艺术，它集合了绘画、电影、摄影、音乐、数字媒体等众多的艺术表现形式。计算机动画是利用计算机图形、图像处理技术，使用计算机程序制作出来的，是动画艺术与计算机技术的有机结合。本章主要介绍计算机动画的基础知识和 Animate 的基本动画制作、交互动画制作、动画发布等内容。

4.1 动画基础知识

4.1.1 动画基本原理

1824 年，英国伦敦大学彼得·马克·罗杰特（Peter Mark Roget）教授在他的研究报告中提出，人类的视觉器官有一种视觉残留现象。当人眼观看物体时，成像于视网膜上，由视神经输入人脑并感觉到物体的像。但当物体移去时，视神经对物体的印象不会立即消失，而要延续 0.1～0.4 秒的时间，这时前一个视觉印象尚未消失，而后一个视觉印象已经产生，两个视觉印象融合在一起，就形成视觉残留现象。

动画就是利用这一现象，将若干有序变化的画面连续显示，在观看者眼中形成的活动影像。中国古代的走马灯便是一个视觉残留运用的例子，如图 4-1（a）所示。在灯内点燃蜡烛，蜡烛产生的热量造成热气流，带动轮轴转动。轮轴上剪纸的影子投射在灯屏上，灯屏上即出现物换景移的影像。法国人保罗·罗盖发明了留影盘，它是一个有绳子从两面穿过的圆盘。圆盘的一面画了一只鸟，另一面画了一个空笼子。当圆盘旋转时，鸟就出现在笼子里了，如图 4-1（b）所示。事实上，动画、电影画面和电视画面在形成活动影像的原理上是相同的，电影画面以每秒 24 帧的速度播放，而电视画面的播放速度一般为每秒 25 帧或 30 帧。

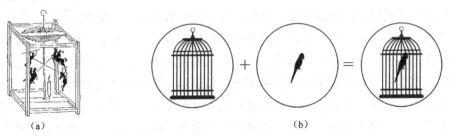

（a）   （b）

图 4-1　走马灯和留影盘

传统的动画是手工绘制的。人们将一张张逐渐变化的、能反映一个连续动态过程的静止画面通过摄影机逐帧拍摄到电影胶片上，以每秒 24 帧的速度连续播放。传统动画表现力强，但是工作量巨大，并且制作工序复杂。《大闹天宫》是上海美术电影制片厂于 1961—1964 年制作的一部彩色动画片，其历时 4 年创作完成，绘制了近 15 万多幅画，并且经过了编剧、造型、导演、人物设计、背景设计、原画、描线、上色、校对、摄影、剪辑、作曲、音乐、录音、洗印等十几道工序。

计算机动画则是利用计算机图形、图像处理技术，使用计算机程序制作出来的，是动画艺术与计算机技术的有机结合。与传统手工动画相比，使用计算机进行动画制作的工作量减少了很多，工序也简化了。计算机动画具有如下特点。

① 能够准确地进行角色设计、背景绘制、描线上色等常规操作，可对动画生产过程进行精细管理，减少制作成本、提高工作效率。

② 利用计算机图形图像处理等技术，能方便地对作品进行修改、复制、放大、缩小等操作，减少了传统手工动画制作过程中的大量重复劳动。

③ 将物理学及其他相关学科的知识与计算机强大的运算能力结合起来，可以模拟各种复杂的运动变化，创建逼真的三维虚拟画面。

④ 能够更好地共享和重复利用现有资源。

尽管计算机在动画制作中起到重要的辅助作用，但它代替不了人的创造性劳动，动画故事创作、艺术构思必须由人来完成。

4.1.2 动画艺术

动画是一种以运动形态被感知的艺术形式，其美学基础是，在静态构成的基础上引入时间维度，通过连续播放静态画面产生动画效果。动画艺术涉及动画的主体造型、动画构图和动作设计。

1. 主体造型

从艺术角度看，动画的主体造型符合平面构成、立体构成和色彩构成要求。但动画主体造型具有一个突出的特点：它的创作几乎不受客观实态的任何制约，并可将人类的情感赋予角色。

孙悟空是《西游记》中最主要的角色，有各种版本的美猴王形象。其中，《大闹天宫》中的造型最为经典，桃心脸、绿眉毛的美猴王形象深入人心。孙悟空的形象设计充分体现了民族特色，脸部借鉴了京剧脸谱的设计。在京剧脸谱中，孙悟空的脸谱属于象形脸中的兽形脸，即用猴子的形象图案组成面部图案，以表示人物化身之前的属性。人物设计中需要根据人物不同性格，塑造出各类精神面貌的人物形象，突出鲜明的艺术效果。例如，正直机智的美猴王、腐朽昏庸的玉帝、欺软怕硬的龙王、骄横跋扈的二郎神，都能恰到好处地从人物形象中体现出来。

2. 动画构图

动画构图是为了表现某个主题思想而进行的一种有目的、有计划、有组织形式的设计活动。它在一定画面空间内，合理安排人、物、景的比例、位置、明暗、色彩关系，把个别或局部关系融入整体之中，创造出具有一定美感，并带有情感的视觉效果。好的构图可以吸引观看者的视觉注意力。在构图之前，要清楚构成画面的基本元素，并通过元素之间的巧妙组合和构图技巧来增强视觉的语言性。

动画构图的方法和技巧有很多，例如，三分构图法、九宫格构图、黄金分割法、对称法、对比法等。图 4-2 所示的《千与千寻》画面构图中，图（a）采用对比法的构图，父亲在画面正中，与千寻的娇小形成鲜明对比；图（b）则采用黄金分割法，笑嘻嘻的石像和伤心的千寻分别位于左右黄金分割线上。这种对比和位置的构图，塑造了人和物的特性，烘托出画面的主体。

（a）　　　　　　　　　　　　　　　　　　（b）

图 4-2　动画构图

3. 动作设计

角色动作设计是动画的核心，是对现实生活中动作的加工提炼，在贴合动画主题基础上，对动作进行符合角色定位及动画特性的艺术加工，给角色注入了生命力。对于运动中的物体，运动规律是动作设计的依据，通过强调和夸张动作过程中的某些方面来表现动画的真实感和感染力。角色动作设计包括表情、肢体、运动方式等多种方面。其中运动方式有很多，例如，水平运动、弹性运动、惯性运动、曲线运动、自由落体运动等。还可以通过视角变化、变形、夸张等方式，使观看者产生视觉上的运动感。下面介绍三种主要的运动方式。

（1）弹性运动

当外力作用于物体时，物体的形态和体积会发生改变。在动作设计中可以将压缩、拉伸等形变表现出来，例如，弹跳的小球、运动中的车轮等在运动中会产生形变。如图 4-3（a）所示，小球在下落时会被拉长伸展，接触地面时受到挤压变扁，反弹上升时则逐渐恢复。如图 4-3（b）所示，青蛙跳跃时，也可以用弹性的方式表现其形态。

（2）曲线运动

生活中存在大量的曲线运动，它也是动画中经常应用的一种运动方式，例如，手臂的摆动、翅膀的扇动、旗帜的飘动等。在制作动画时，应该让角色的动作沿着曲线运动而不是直线。曲线运动使得人和物的动作更加自然、柔和、圆滑。

（a）　　　　　　　　　　　　（b）

图 4-3　弹性运动

常见的曲线运动有弧形、波形和 S 形几种。弧形曲线运动要注意角色体积大小的变化以及运动中速度的变化，例如，抛出的球在空中会做抛物线运动，在其运动过程中，近景和远景中球的大小将会改变。图 4-4 中，人物的披风随风摆动，形成波形曲线运动。在表现波形曲线运动时，要注意力的方向，一波接一波、顺序推进，波形大小也要随之改变，使动作显得顺畅平滑。

（3）惯性运动

当物体改变运动状态时，例如，开始运动或停止运动时，往往是其中一部分先改变运动状态，另一部分则延迟一段时间才改变，这就是运动的惯性。角色有一些附件，如头发、尾巴或者宽松的外套等，当角色停止运动，这些附件会继续运动一段时间。动画中往往会运用夸张的方法来表现"惯性"。例如，汽车刹车时，由于惯性的作用，轮胎略有变形。但是在动画设计时，为了表现急刹车的效果，往往会对轮胎的变形幅度进行夸张处理，甚至车身都会变形，并让汽车经过一个短暂的滑行后才停止运动，变形的车身才恢复正常，如图 4-5 所示。

图 4-4　波形曲线运动　　　　　图 4-5　惯性运动

4.2　HTML5

HTML（Hypertext Markup Language，超文本标记语言）是一种构建 Web 内容的语言描述方式。HTML 使用标签来描述和显示网页内容，可以在页面中嵌入脚本语言（如

JavaScript）来实现动态网页的设计，同时运用 CSS（Cascading Style Sheets，层叠样式表）来控制网页的显示样式和布局。HTML 文件是标准的 ASCII 文本文件，可以使用任何文本编辑器来打开和编写，例如，Windows 系统的记事本，或者使用可视化软件 WebStorm、Dreamweaver、Sublime Text 等。HTML 文件以.html 为扩展名，可以在浏览器中打开文件显示其效果。

4.2.1　HTML 文件结构

一个完整的 HTML 文件由标题、段落、表格、文本等各种嵌入的对象组成，这些对象称为元素。HTML 使用标签来分割并描述这些元素，在标签中可以定义元素的属性。标签是由一对尖括号 "<>" 包围的关键词，通常是成对出现的，其内容在两个标签中间，例如，<h1>标题</h1>。标签也可单独呈现，如
、<hr/>、<image>等。

下面是一个 HTML 文件的基本结构。

```
<html>
  <head>
    <title></title>
  </head>
  <body>
  </body>
</html>
```

<html></html>文件标签对用于表示 HTML 文件开始和结束的位置。<head></head>头部标签对中可包含页面的标题、关键词、描述说明等内容，它本身不作为内容来显示，但影响网页显示的效果。<body></body>主体标签对用来指明文件的主体部分，页面所要显示的内容都放在这个标签对中，包括文本、图像、表单、音频、视频等。

打开记事本，编辑如下内容，文件保存为 webpage.html，然后使用浏览器打开此网页文件。

```
<html>
  <head>
    <title>我的第一个网页</title>
  </head>
  <body>
    <h1>这是一个标题</h1>
    <p>这是一个段落.</p>
    <a href="http://www.baidu.com">这是一个链接</a>
    <!--这是一条注释：br 换行-->
    <br/>
    <img src="baidu.jpg"  />
  </body>
</html>
```

4.2.2　HTML5 基础

2004 年，一些浏览器厂商联合成立了 WHATWG（Web Hypertext Application Technology Working Group，超文本应用程序技术工作组），致力于 Web 表单和 Web 应用程序的开发。此时的 W3C（World Wide Web Consortium，万维网联盟）则专注于 XHTML 2.0。在 2006 年，W3C 组建了新的 HTML 工作组，采纳了 WHATWG 的意见，并于 2008 年正式发布 HTML5 标准。HTML5 是对 HTML 及 XHTML 的继承与发展。作为互联网的下一代标准，HTML5 逐渐取代了 1999 年制定的 HTML 4.01、XHTML 2.0 标准，使网络标准更符合当代的网络需求，为桌面和移动平台带来了无缝衔接的丰富内容。HTML5 增加了以下新特性。

1. 新的表单类型

表单用于收集不同类型的用户输入，是实现用户与页面后台交互的主要组成部分。HTML5 增加了多个新的表单输入类型，并为这些新类型提供了更好的输入控制和验证方式，使得原本需要 JavaScript 来实现的控件，可以直接使用 HTML5 表单来实现。<input> 标签类型和属性的多样性增强了 HTML 的表单形式，包括以下内容。

图 4-6　日期选择器

- email：包含 E-mail 地址的输入域。
- url：包含 URL 地址的输入域。
- number：包含数值的输入域。
- range：包含一定范围内数字值的输入域，显示为滑动条。
- datepickers：日期选择器。
- search：用于搜索域，如站点搜索或 Google 搜索。

<!doctype>声明必须位于 HTML 文件的第一行，用来声明文件类型，告知浏览器文件所使用的 HTML 规范。浏览器可根据文件类型来解释页面代码。<!doctype html>是 HTML5 标准网页声明。例如，以下代码在网页上添加日期选择器，并使用按钮来提交，结果如图 4-6 所示。

```
<!doctype html>
<html>
  <body>
    选择日期 <input type="date" name="user_date" />
    <input type="submit" />
  </body>
</html>
```

2. 支持音频、视频

HTML5 对音频、视频的支持使得浏览器摆脱了对插件的依赖，使用<audio>、<video>两个标签，无须第三方插件就可以实现音频、视频的播放功能，加快了页面的加载速度。目前，HTML5 支持三种视频格式（OGG、MPEG 4、WebM）和三种音频格式（OGG、MP3、

WAV）。

　　<video>标签定义了视频播放器的高度、宽度、控制方式，以及文件路径和类型等。例如，以下代码在网页上播放视频文件 movie.mp4。

```
<!doctype html>
<html>
  <body>
    <video width="320" height="240" controls="controls">
      <source src="movie.mp4" type="video/mp4">
      Your browser does not support the video tag.
    </video>
  </body>
</html>
```

如果浏览器不支持 HTML5，则显示"Your browser does not support the video tag."。

3. 画布功能

　　HTML5 的<canvas>标签可以实现画布功能，利用脚本语言如 JavaScript 可以在画布上绘图，实现线条、矩形、路径的绘制，以及添加图像。使用 getContext()方法可返回一个对象，该对象提供了用于在画布上绘图的方法和属性。<canvas>标签使得浏览器无须 Flash 或 Silverlight 等插件就能直接显示图形或动画。画布上的主要绘图方法说明如下。

- fillRect()：绘制已填色的矩形。
- strokeRect()：绘制无填充的矩形。
- beginPath()：开始绘制一条路径。
- moveTo()：把路径移动到画布中的指定位置，不创建线条。
- closePath()：创建从当前点回到起始点的路径。
- arc()：创建圆或者弧。
- fillText()：在画布上绘制已填充的文本。
- strokeText()：在画布上绘制无填充的文本。
- drawImage()：向画布上绘制图像。

　　以下代码定义画布对象(id="myCanvas")，并设置画布宽度为 400 像素，高度为 300 像素，画布边框宽度为 1，边框颜色为黑色，然后使用 JavaScript 在画布上画一个红色的圆。

```
<!DOCTYPE HTML>
<html>
  <body>
    <canvas id="myCanvas" width="400" height="300"
            style="border:1px solid #000000;">
    </canvas>
    <script type="text/javascript">
      var canvas = document.getElementById("myCanvas");
      var ctx = canvas.getContext("2d");
```

```
   ctx.fillStyle="#FF0000"
   ctx.beginPath();
    //画圆(圆心坐标x，圆心坐标y，半径，起始弧度，终止弧度，TRUE 表示逆时针动画)
   ctx.arc(200, 150, 100, 0, Math.PI * 2, TRUE);
   ctx.closePath();
   ctx.fill()
  </script>
 </body>
</html>
```

4. 支持 SVG

SVG（Scalable Vector Graphics）指可伸缩矢量图形，它是由 W3C 开发的一种基于 XML 的开放标准的矢量图形语言。SVG 能在各种设备上实现自然伸缩或扩展却不影响图像质量，可以设计出高分辨率的 Web 图形页面。可以使用矢量图形编辑器，如 Adobe Illustrator、SVG.js、Inkscape 和 Vector 等创建 SVG 文件。

SVG 是可交互和动态的，有完整的动画和事件机制，本身就能独立使用，也可以使用 <embed>、<object> 和 <iframe> 标签将其嵌入 HTML 文件中。例如，以下代码嵌入一个 circle.svg 图形。

```
<embed src="circle.svg" type="image/svg+xml" />
<object data="circle.svg" type="image/svg+xml"></object>
<iframe src="circle.svg"></iframe>
```

5. 地理定位

HTML5 Geolocation API（应用程序接口）可通过 IP、GPS、Wi-Fi 等多种方式提供地理定位功能，轻松实现位置查找、地图应用、导航等移动应用。在 HTML5 中，可通过 window.navigator 对象的 geolocation 属性来判断浏览器的兼容性。若浏览器支持地理定位，则可使用 getCurrentPosition() 方法，返回一个 coordinates 对象，通过 longitude 和 latitude 属性获取当前用户的地理位置的经度和纬度。

例如，以下代码在页面上输出用户当前所在位置的经度和纬度，效果如图 4-7 所示。

```
<!doctype html>
<html>
  <body>
    <p>输出您的地理位置:</p>
    <button onclick="getLocation()">click</button>
    <p id="demo"></p>
    <script type="text/javascript">
      var g=document.getElementById("demo");
      //检测浏览器是否支持定位
      function getLocation()
      {
        if (navigator.geolocation)
```

图 4-7 地理定位

```
      {
        //支持定位, getCurrentPosition()方法获取位置, 调用 showPosition 函数输出
          navigator.geolocation.getCurrentPosition(showPosition);
      }
      else
      {
        g.innerHTML="浏览器不支持地理定位";
      }
    }
    //输出地理位置信息
    function showPosition(position)
    {
      var lat = position.coords.latitude;
      var lng = position.coords.longitude;
      g.innerHTML="纬度:"+lat+ "<br/>经度:"+lng;
    }
  </script>
 </body>
</html>
```

4.3　动画制作软件 Animate

4.3.1　Animate 简介

2015 年 12 月，Adobe 公司宣布将 Flash Professional 更名为 Animate CC（简称 Animate），在支持 Flash SWF 文件的基础上，加入了对 HTML5 的支持。Animate 继承了 Flash 矢量动画制作功能，具有动画内容丰富、表现形式多样、文件小等特点。

Animate 提供众多的设计工具，能开发出更适应移动媒体和跨平台要求的数字媒体应用，广泛应用于动画短片、网络广告、网络游戏、UI 设计等领域。Animate 能提供更灵活的发布格式，除了支持 SWF、AIR 格式，同时还支持 HTML5 Canvas、WebGL 等，并能通过可扩展架构支持包括 SVG 在内的几乎任何动画格式。它的快速发布操作可直接将动画投送到桌面、移动设备和社交平台上进行分享。用户访问媒体内容时也不需要任何插件。Animate 更新了用户界面，使其变得更加直观易用，增加了以下新功能。

- 个性化的工具栏，可以根据需要添加、删除、分组或重新排序工具。
- 新型时间轴提升了帧的可操作性和时间标的可读性，可设置个性化的时间轴。
- 引入了资源面板，用于跨文件存储、管理以及资源的重复利用。
- 新加了矢量画笔和画笔库，可为绘图提供独特风格的笔触效果。
- 虚拟摄像机可模拟真实摄像机的拍摄，可在动画中添加平移、缩放和旋转等效果。
- 可以选择 Adobe Media Encoder 支持的格式和预设，以实现无缝的媒体导出。

要创作一个动画作品，通常需要执行下列基本步骤。

1）拟定创作计划，确定要执行哪些基本任务。

2）创建或导入媒体元素，如文本、音频和图像、视频等。

3）在舞台和时间轴上组织媒体元素，定义它们在作品中显示的时间和方式。

4）根据需要应用特殊效果，如模糊、发光等。

5）编写脚本代码以控制媒体元素的行为方式和对用户交互的响应方式。

6）测试并发布作品。

4.3.2　Animate 工作界面

启动 Animate，执行"文件 | 新建"菜单命令，打开"新建文档"对话框，如图 4-8 所示，可根据用途来选择合适的情景，如角色动画、社交、教育、广告等；Animate 对不同的情景提供了预设尺寸，并可修改默认尺寸、帧速率，选择不同的平台类型，包括 HTML5 Canvas、ActionScript 3.0、AIR for Desktop 等。

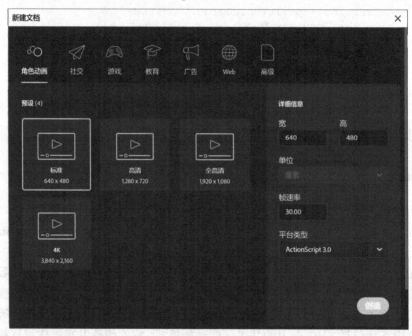

图 4-8　"新建文档"对话框

Animate 沿袭了 Adobe 公司产品的统一风格，提供方便、友好的工作界面。其工作界面如图 4-9 所示，采用罗列伸缩结构的面板，包括菜单栏、工具栏、工作区和舞台、时间轴和图层、属性面板和其他功能面板等。"窗口"菜单可选择打开面板和对工作区版式进行设置。设计人员可以根据习惯选择不同的工作区类型。工作区中的面板都是可调整，包括展开、折叠、浮动、伸缩等。

1. 菜单栏

菜单栏包括 11 个菜单，其中包含用于实现控制功能的各类命令。

● 文件：实现对文件的操作，包括新建、打开、关闭、保存、导入、导出等。

图 4-9　Animate 工作界面

- 编辑：实现对所选择对象的复制、剪切、粘贴等操作。
- 视图：实现对舞台视图的操作，包括舞台的放大或缩小、辅助功能、屏幕模式等。
- 插入：实现文件、补间动画、图层、时间轴、场景的插入等。
- 修改：对所选择的目标进行修改，包括元件、位图、形状、对象和时间轴等的修改。
- 文本：设置文本大小、样式、对齐、间距等属性。
- 命令：用于运行或导入、导出脚本。
- 控制：用于控制时间轴动画的播放。
- 调试：用于对影片功能的调整。
- 窗口：对工作区中的窗体和面板进行管理。
- 帮助：提供 Animate 的使用帮助、教程、学习社区的链接。

2. 工作区和舞台

工作区中显示的是当前文件的舞台。Animate 支持同时打开多个文件，可单击文件名选项卡来切换文件。舞台是位于工作区内部的白色矩形区域，用于编辑和显示动画。工作区上的按钮用于旋转舞台、设置舞台的显示比例等。

3. 工具栏

执行"窗口丨工具"菜单命令可显示工具栏。Animate 提供了添加、删除、组合或重新排列工具的功能。单击工具栏中的"…"按钮，打开工具栏选项板，可以将常用的工具拖放到工具栏中，如图 4-10 所示。将间隔条拖放到工具面板中，可以对工具进行逻辑分组。添加间隔条后，拖动间隔条到工作区中，可拆分出工具栏的子组。

图 4-10　工具栏选项板

4．时间轴和图层

时间轴面板，简称时间轴，用于组织图层和帧中的动画内容。时间轴中，一格代表一帧，如图 4-11 所示。

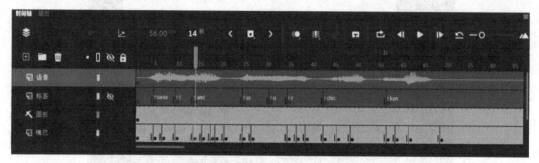

图 4-11　时间轴

每个图层中的动画内容都是独立的，一部动画就是由各个图层中的动画叠加而成的。对一个图层中的对象进行编辑不会影响其他图层中的内容。图层控制区中的按钮可以完成新建/删除、隐藏、锁定、突出显示、轮廓显示图层等操作，如图 4-12 所示。上下拖动图层可以调整图层的顺序。双击图层名可以重命名图层。单击图层名前面的图标，或者右击图层，执行"属性"快捷菜单命令，均可以打开图层属性面板。

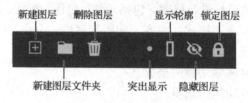

图 4-12　图层控制区

时间轴控件可以放置在时间轴的底部或者顶部，左侧为图层相关按钮，中间显示了帧速率（这里单位显示为 FPS，即 f/s，软件中一般写为 fps）和当前帧的编号，右侧为帧相关按钮，可以插入关键帧、创建补间等，如图 4-13 所示。下面介绍其中主要按钮的功能。

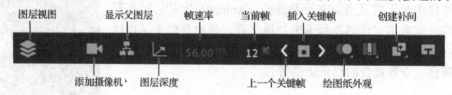

图 4-13　时间轴控件

① "图层视图"按钮可以从默认的多图层视图切换到当前图层视图。

② "添加摄像机"按钮可以在时间轴中增加一个摄像机图层，同时在舞台上出现一个虚拟摄像机。一个文件只允许有一个摄像机图层，并且只能建立在主时间轴中。在舞台上拖动摄像机指针可以平移画面，拖动下方的滑块可以缩放或旋转画面。如图 4-14 所示，调整摄像机可产生飞机位置、大小和角度的变化。

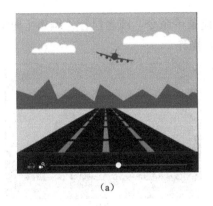
（a）

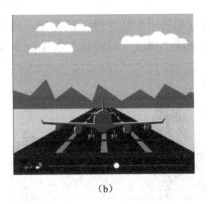
（b）

图 4-14　摄像机变化效果

当使用摄像机移动或缩放画面时，所有图层都将会受其影响。如果希望图层固定在视图中的某个位置，可以将图层附加到摄像机上，这样图层将固定到摄像机上并且和摄像机一起移动，这些图层将不会受到摄像机的影响。如图 4-15 所示，"天空"和"跑道"图层显示有"附加到摄像机"图标，表示"天空"和"跑道"图层不会因摄像机的调整而发生改变。

③"显示父图层"按钮。Animate 允许将一个图层设置为另一个图层的父级。建立图层父子关系后，可以用一个图层中的对象控制另一个图层中的对象。在父图层中的对象移动或者旋转时，子图层中的对象会同时一起变化。单击"显示父图层"按钮，图层名称右侧会出现一个矩形，将其拖动到另一个图层上，这样子图层和父图层间就连接起来。在父、子图层上单击，在弹出的快捷菜单中可选择进行删除父级、更改父级等操作，如图 4-16 所示。

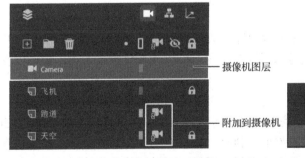
图 4-15　摄像机图层和附加到摄像机的图层

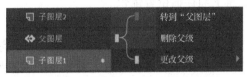
图 4-16　父、子图层和快捷菜单

④"图层深度"按钮。设置图层深度可以将图层置于二维动画的不同平面中，以表现不同景深，图 4-17 为调整树、山、天空图层深度后的效果对比。单击"图层深度"按钮，可以打开图层深度面板。每个图层在图层深度面板中用不同的彩色线条表示。将线条向上或向下移动，即可以增大或减小图层中对象的深度。

5. 帧

在时间轴上主要有三种类型的帧：关键帧、空白关键帧、普通帧，如图 4-18 所示。对帧的操作包括复制帧、插入帧、删除帧、移动帧、翻转帧等。选中时间轴上的某帧之后，可以通过单击时间轴控件中的按钮，或者执行快捷菜单命令，或者执行"编辑｜时间轴"菜单命令或"修改｜时间轴"菜单命令来对帧进行操作。

（a）　　　　　　　　　　　　　（b）

图 4-17　调整图层深度后的效果对比

图 4-18　时间轴上的帧

- 关键帧：动画中关键性内容或动作变化所在的帧，在时间轴中以黑色实心圆表示。
- 空白关键帧：舞台上没有内容的关键帧是空白关键帧，在时间轴中以空心圆表示。
- 普通帧：普通帧是具有内容的帧，背景呈浅灰色，用于延长关键帧的播放时间。

6. 功能面板

把一些功能按钮或者选项集中在一个面板内即形成功能面板。功能面板可以用"窗口"菜单中的命令来打开或隐藏，功能面板可以展开或折叠，可以改变位置或大小，也可以在屏幕上的任何位置锁定。

（1）场景面板

场景是指一段相对独立的动画。一个完整的动画可以由一个或多个场景组成。执行"插入｜场景"菜单命令，进入新场景的编辑界面。执行"窗口｜场景"菜单命令，打开场景面板，其中显示了动画中的所有场景。上下拖动场景图标，可以调整场景的播放顺序。在场景面板中可以完成添加、重置和删除场景等操作。

（2）属性面板

属性面板用来显示和修改舞台中所选内容的属性。属性面板包括"工具"、"对象"、"帧"和"文档" 4 个选项卡。对应于当前所选内容的属性，选项卡中显示的选项会随着改变。

（3）库面板

库用来存储和管理动画素材，包括在 Animate 中创建或从外部导入的资源或素材，例如，元件、矢量图、位图、音频、视频等。执行"文件｜导入"菜单命令，可以将外部素材导入库中。打开多个文件时，可以将其他文件中的库项目用于当前文件。库中的项目可以从库面板中拖动到舞台上使用。

（4）颜色面板

颜色面板用来设置对象的填充颜色和笔触颜色。颜色模式包括纯色、线性渐变、径向渐变和位图填充方式。

·（5）其他常用面板

- 变形面板：用来设置对象的变形，包括缩放、旋转、倾斜、3D 旋转、3D 平移等操作。
- 对齐面板：对舞台中的对象进行对齐或分布设置。
- 动作面板：提供了代码编辑环境，可以输入脚本代码来创建交互动画。
- 组件面板：提供了一组相关的可重用的功能组件，如用户界面组件、视频组件等。
- 历史记录面板：显示从打开文件起执行的所有操作步骤，可以撤销操作步骤。

【例 4-1】　制作摄像机动画。

本例素材来源于 Adobe 官网。

1）启动 Animate，执行"文件 | 打开"菜单命令，打开 Camera.fla 文件。时间轴上已包含了背景、云、岩石、鸟、云、人物等图层。

2）执行"修改 | 文档"菜单命令，打开"文档设置"对话框，勾选"打开高级图层"。要使用摄像机、图层深度、图层效果、图层父子关系等功能，均需要打开高级图层。

3）单击时间轴控件中的"添加摄像机"按钮，在时间轴上添加摄像机图层。选择工具箱中的摄像机工具，工作区中将出现摄像机控件。

4）选择摄像机图层，在第 20、50 帧处分别单击"插入关键帧"按钮 插入关键帧。

5）将播放头移动到第 1 帧处，在属性面板"工具"选项卡中，设置摄像机色彩效果的"亮度"为-50%。

6）将播放头移动到第 20 帧处，设置摄像机色彩效果的"亮度"为 0%。对摄像机进行平移和缩放操作以调整画面，显示人物头部特写。可以看到，"摄像机设置"栏中的"X"、"Y"和"缩放"值也同时改变，如图 4-19 所示。

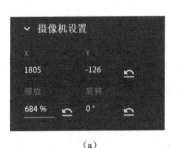

（a）　　　　　　　　　　　　　　　（b）

图 4-19　第 20 帧的摄像机平移和缩放效果

7）第 50 帧为关键帧，不做修改，即显示初始画面效果，如图 4-20 所示。

8）将播放头移到第 1～20 帧之间的任意一帧处，单击时间轴控件中的"创建传统补间"按钮创建传统补间动画。同样，在第 21～50 帧之间创建传统补间动画。

图 4-20　第 50 帧的画面效果

9）单击时间轴面板中的"显示父级图层"按钮，为月亮图层和云图层建立父子关系，云图层为父图层。月亮会跟随云一起运动。

10）执行"控制｜测试影片"菜单命令，在 Animate 中测试影片。

11）执行"文件｜保存"菜单命令，保存文件。

4.3.3　基本工具的使用

Animate 的工具栏中提供了绘制矢量图所需的基本工具，使用这些工具可以完成绘图、上色、选择、变形等操作，如图 4-21 所示。

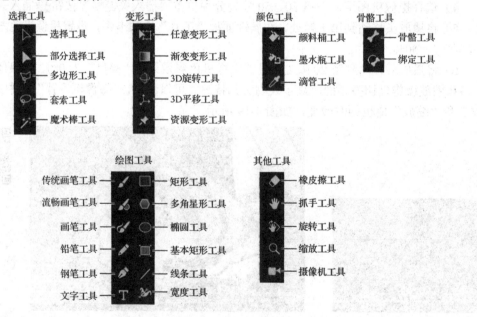

图 4-21　Animate 工具

1. 选择工具

（1）选择工具和部分选择工具

使用选择工具时，可单击笔触、填充或者对象来进行选择。按住 Shift 键单击不同的对象，可选择多个对象；按住鼠标拖动出一个区域，可以选择区域内的对象。子工具栏中的平滑工具和伸直工具用于调整线条的平滑度。

选择工具可以改变线条或轮廓的形状。将选择工具放在对象的边缘，当鼠标指针下方出现弧形时，拖动鼠标指针可以改变其形状。按住 Ctrl 键不放，拖动线条可创建新的角点，如图 4-22（a）所示，使用选择工具可以改变圆的形状。使用部分选择工具可通过选取及调整图形或路径的节点来改变形状，如图 4-22（b）所示。

（2）其他工具

套索工具用于选择图形中的不规则区域。使用多边形工具，通过连续单击可以绘制一个多边形区域，该区域内的形状或者对象均被选中。魔术棒工具用于选择具有相同或类似颜色的位图区域。

2. 变形工具

（1）任意变形工具

任意变形工具可以对对象进行旋转、缩放、斜切、扭曲、封套等变形操作。变形时可使用变形面板设置变形的参数。

（2）渐变变形工具

渐变变形工具可以调整渐变的中心、旋转渐变角度和方向、缩放渐变的直径大小等。如图 4-23 所示为径向渐变和线性渐变的变形效果。

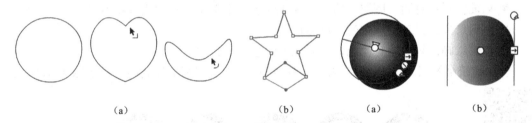

（a）	（b）	（a）	（b）

图 4-22　使用选择工具和部分选择工具调整形状　　　　图 4-23　渐变变形效果

（3）资源变形工具

资源变形工具可以对形状或位图图像进行变形。在形状或绘制对象上单击即可添加变形手柄，变形手柄显示为小的实心圆形。按住 Shift 键的同时单击可选择多个手柄，拖动手柄即可改变形状。如图 4-24 所示为使用资源变形工具对几何图案进行变形的过程。

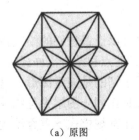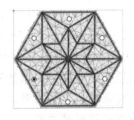

（a）原图　　　　　　　　（b）添加变形手柄　　　　　　（c）变形效果

图 4-24　变形的过程

（4）3D 变换工具

3D 变换工具只适用于 ActionScript 3.0 文件中的影片剪辑实例对象，其他文件和对象类型无法使用。3D 变换工具包括 3D 旋转工具和 3D 平移工具。使用 3D 旋转工具可以在 3D 空间中旋转影片剪辑实例。3D 旋转控件将出现在舞台中的选定对象的上方，X 轴控件为红色的，Y 轴控件为绿色的，Z 轴控件为深蓝色的，使用橙色的自由旋转控件可同时绕 X 轴和 Y 轴旋转，效果如图 4-25 所示。

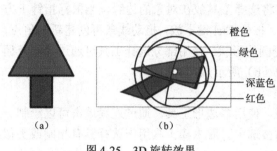

橙色
绿色
深蓝色
红色

（a）　　　　　　（b）

图 4-25　3D 旋转效果

3. 绘图工具

（1）传统画笔工具

传统画笔工具是一种基于填充的绘图工具。它提供了一些基本的画笔笔触形状，如方形、圆形、矩形、椭圆等。在属性面板中可设置画笔大小、平滑度以及画笔模式。有以下 5 种画笔模式可以选择。

- 标准绘画：可对同一图层中的线条和填充涂色，直接覆盖原有的线条和填充。
- 颜料填充：只对填充涂色，不影响原有的线条。
- 后面绘画：对同一图层中的空白区域涂色，不影响原有的线条和填充。
- 颜料选择：只对已选中的区域涂色。
- 内部绘画：只对填充涂色，不对线条涂色。

使用传统画笔工具，在圆形对象上绘制线条，采用不同画笔模式的效果如图 4-26 所示。

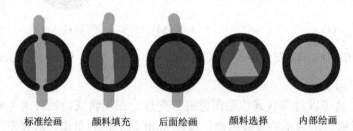

标准绘画　　　颜料填充　　　后面绘画　　　颜料选择　　　内部绘画

图 4-26　不同画笔模式的效果

（2）画笔工具和铅笔工具

使用画笔工具和铅笔工具可以绘制图形。在属性面板中可以设置它们的绘图模式、笔触颜色和 Alpha（透明度）值、大小、样式，选择宽度样式、端点和结合点样式等。

绘图模式包括常规模式和对象绘制模式。在常规模式下绘制的是矢量图形。这种图形没有层次之分，可用选择工具、套索工具等选择其局部。绘制在同一图层中互相重叠的形状时，新绘制的现状会覆盖与原有形状重叠的部分。例如，在常规模式下重叠绘制的矩形和圆，用选择工具分开后的效果如图 4-27 所示。

对象绘制模式下绘制的是整体对象，无法选择局部。在对象绘制模式下，重叠绘制的

矩形和圆依然是单独的图形对象，选中时会显示蓝色的边框，分开后的效果如图 4-28 所示。执行"修改 | 排列"菜单命令，可以调整同一图层中对象的层次。两种模式下绘制的对象可以通过执行"修改 | 分离"或"修改 | 转换成元件"菜单命令互相转换。

图 4-27　常规模式　　　　　　　　　图 4-28　对象绘制模式

　　Animate 提供了一些常用的线条样式，如实线、虚线、点状线、锯齿线等。默认的线条宽度是均匀粗细的，可以在宽度配置中设置线条的粗细变化。还可设置线条端点和结合点的样式。端点有"无"、"圆角"和"方形"三个选项，结合点有"尖角"、"圆角"和"斜角"三个选项，如图 4-29 所示。

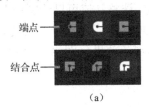

图 4-29　端点和结合点

　　在绘图时可以使用画笔库中的笔触样式来绘制图案或者艺术图形，如图 4-30 所示。双击画笔库中的一种笔触样式，可将其添加到文件中。添加后可以在画笔、钢笔、线条、矩形、椭圆等工具的属性面板中选择使用该笔触样式。铅笔工具不能直接使用画笔库中的笔触样式来绘制线条，但是可以在绘制完成后给对象应用画笔库中的笔触样式。

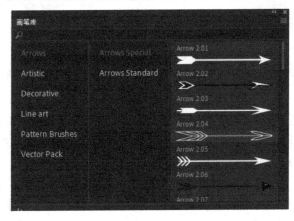

图 4-30　画笔库

（3）钢笔工具

钢笔工具可以用来绘制路径。通过连续单击，可创建由直线构成的路径。曲线路径主要有 C 形和 S 形，绘制方法与 3.4.5 节中路径的绘制方法相同。

（4）流畅画笔工具

这是 Animate 新增加的一种画笔工具。在属性面板中，可以对画笔设置稳定器、曲线平滑、圆度、角度、锥度、速度、压力等。

（5）矩形工具和基本矩形工具

图 4-31　绘制圆角矩形

矩形工具和基本矩形工具可以绘制矩形和圆角矩形。按住 Shift 键不放，可以绘制正方形；按 Alt 键不放，可以从中心开始绘制。设置矩形边角半径，可绘制圆角矩形，如图 4-31 所示。两者区别在于，使用矩形工具时，圆角半径需要在绘制前设置，绘制完成后不能调整。使用基本矩形工具，在绘制完成后，还可以修改矩形的圆角半径。

（6）椭圆工具

椭圆工具的使用方法和矩形工具相似。在属性面板"工具"选项卡中，"开始角度"和"结束角度"分别表示椭圆的起始点角度和结束点角度，调整其值可以绘制扇形等形状；"内径"表示内侧椭圆半径，可以绘制圆环效果。使用椭圆工具，设置开始角度为 0°，结束角度为 80°，内径分别为 0 和 60 像素，可以得到扇形，效果分别如图 4-32（a）和（b）所示。

（7）多角星形工具

多角星形工具可以绘制多边形和星形。在属性面板中可以设置多边形的"边数"和"星形顶点大小"。如图 4-33 所示的三个五边形，星形顶点大小分别为 0、0.5 和 1。星形顶点大小越小，其外角越小。

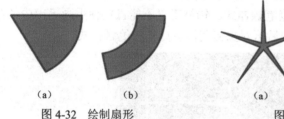

（a）　　　　（b）　　　　　　　　　（a）　　　　　　（b）　　　　　　（c）

图 4-32　绘制扇形　　　　　　图 4-33　用多角星形工具绘制五边形

（8）文字工具

Animate 可以创建三种类型的文本：静态文本、动态文本和输入文本。其中，动态文本是指可以动态更新的文本，如显示的时间等。输入文本是指允许用户输入的文本，例如，在表单中输入文本。可以在属性面板中设置嵌入字体。嵌入字体后，发布文件时，文字的显示效果将与设计时一致。文字对象是一个整体，要转成矢量图形，需要执行"修改|分离"菜单命令两次。对文字也可以设置滤镜效果，图 4-34 中的文字添加了投影滤镜效果。

4. 颜色工具

颜料桶工具可以用颜色填充封闭区域。墨水瓶工具可以修改笔触颜色和填充颜色，如图 4-35 所示。可以在属性面板、颜色面板中设置颜色。滴管工具用于吸取现有图形的线条或填充上的颜色及风格等。

Animate

笔触颜色
填充颜色

图 4-34　文字的投影滤镜效果　　　　　　　　图 4-35　笔触颜色和填充颜色

【例 4-2】　使用基本工具绘制猫头鹰。

1）新建文件，预设选择"标准"，使用默认尺寸，设置帧速率为 30fps，平台类型为 ActionScript 3.0。

2）将图层_1 重命名为"身体"。选择椭圆工具，在属性面板中设置椭圆的颜色和样式为无填充颜色，笔触颜色为黑色，笔触大小为 1.00，样式为实线，宽度配置为均匀。在舞台上绘制一个椭圆，然后使用选择工具调整椭圆的形状。

3）使用线条工具，笔触颜色为黑色，笔触大小为 1.00，绘制耳朵和翅膀。使用选择工具在线条的边缘拖动，改变线条的形状，将猫头鹰的直线轮廓转变为曲线轮廓，并删除多余的线条，如图 4-36 所示。

4）新建图层，命名为"眼睛"。使用椭圆工具绘制两个相交的圆形，删除多余线条，代表眼睛的轮廓，如图 4-37 所示。

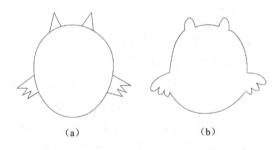
（a）　　　　　　（b）

图 4-36　猫头鹰的直线轮廓和曲线轮廓　　　　　图 4-37　绘制眼睛轮廓

5）选择颜料桶工具，给身体填充颜色#006600，给眼睛轮廓填充颜色#CCCC66。

6）选择椭圆工具，用对象绘制模式绘制眼睛。设置眼眶填充颜色为白色#FFFFFF，笔触颜色为#336600，笔触大小为 4.00，笔触宽度如图 4-38（a）所示。设置眼球填充颜色为黑色。绘制的眼眶和眼球如图 4-38（b）所示。

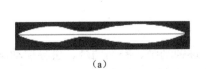
（a）

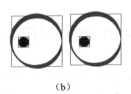
（b）

图 4-38　绘制眼眶和眼球

7）选择矩形工具，用对象绘制模式画矩形，填充颜色为#FF9933。使用选择工具修改形状为三角形，绘制猫头鹰的嘴巴。结果如图4-39所示。

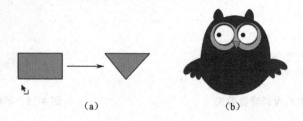

(a)　　　　　　　　　(b)

图 4-39　绘制嘴巴

8）选择椭圆工具，用对象绘制模式绘制身体上的图案。打开颜色面板，选择"径向渐变"，颜色从#FFFFFF 变化为#CCCC66，填充身体部分的颜色。在椭圆中绘制一些线条图案。选择线条工具，设置笔触大小为4.00，样式为实线，笔触宽度如图4-40（a）所示。在身体上绘制一些直线，然后使用选择工具将直线修改为曲线，结果如图4-40（b）所示。

(a)　　　　　　　　　(b)

图 4-40　绘制身体上的图案

9）新建图层，命名为"脚"。使用铅笔工具或者画笔工具，画笔模式为平滑，绘出脚的轮廓，用颜料桶工具填充颜色#FF9933。将该图层拖放到图层面板最下层。

图 4-41　猫头鹰的轮廓线和填色效果

10）绘图完成后，可以用选择工具选择身体轮廓线，将其删除，或者将线条笔触颜色设置为无颜色。绘图时也可以先画好全部轮廓线，再逐一填充各部分的颜色。猫头鹰的轮廓线和填色效果如图4-41所示。

11）在属性面板中设置文件背景颜色为黑色。

12）执行"文件 | 保存"菜单命令，保存文件为"猫头鹰.fla"。

4.4　Animate 动画制作

用 Animate 制作动画有几种基本形式：逐帧动画、补间动画、引导层动画、遮罩动画和交互动画等。掌握基本形式就可以制作出丰富的动画效果。

4.4.1　元件

若把动画作品看成一台机器，元件就是构成这台机器的一些特制零件。元件是由用户创建的，存储在库中可以反复使用的图形、按钮、动画和音频等资源的总称。

1. 元件的类型

Animate 中的元件包括图形元件、影片剪辑元件和按钮元件三种类型。

- 图形：可以重复使用的静态图像。
- 影片剪辑：一段有独立主题内容的动画，可在主动画中重复使用。
- 按钮：用来创建动画中的交互按钮，通过事件来激发它的动作。

在播放动画时，按钮元件会对鼠标单击、鼠标指针滑过等事件做出响应，执行相应的动作。添加按钮元件后，将进入元件编辑环境，在时间轴中将显示 4 个连续帧，分别为"弹起"、"指针经过"、"按下"和"点击"帧，对应按钮的 4 种状态。

- "弹起"帧：表示鼠标指针没有接触按钮时按钮的状态。
- "指针经过"帧：表示鼠标指针滑过按钮时按钮的状态。
- "按下"帧：表示鼠标单击按钮时按钮的状态。
- "点击"帧：指定鼠标单击的有效区域。

2. 创建元件

创建元件有两种方法，一种方法是先新建一个空元件，然后在元件编辑模式下添加元件的内容，另一种方法是将创建好的对象转换为元件。

① 创建新元件：执行"插入｜新建元件"菜单命令，打开"创建新元件"对话框，如图 4-42 所示。选择元件类型，确定后进入元件的编辑模式。新创建的元件将被存储在库中。

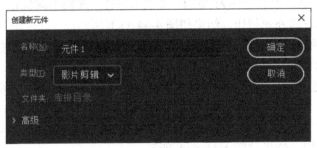

图 4-42　创建新元件

② 将创建好的对象转换为元件：选择矢量图形、位图等对象，执行"修改｜转换为元件"菜单命令。或者在对象的属性面板中，单击"转换为元件"按钮 🔳。

3. 元件实例

元件实例是元件的一个具体应用，将元件从库面板拖放到舞台中，便创建了一个元件实例。修改元件实例属性不会影响元件，但修改元件的属性则会影响所有该元件的实例。

选择舞台中的元件实例，在属性面板中可以修改元件实例的色彩效果，包括色调、透明度、颜色等。对影片剪辑元件和按钮元件还可以添加滤镜效果。

【例 4-3】 制作人走路的影片剪辑元件。

1）新建文件，预设选择"标准"，设置尺寸为 480×320 像素，帧速率为 12fps，平台类型为 ActionScript 3.0。

2）执行"文件｜导入"菜单命令，将一个背景素材文件"背景.jpg"和 8 个人走路素材文件"1.png"～"8.png"导入库中。

3）执行"插入｜新建元件"菜单命令，创建影片剪辑元件，命名为"人走路"。

4）进入元件编辑环境，选中库面板中的 8 幅人走路图像，拖放到舞台上。右击时间轴第 1 帧，执行"分布到关键帧"快捷菜单命令，在时间轴中将会出现连续 8 个关键帧。

5）由于第 1 帧中自动出现一个空白关键帧，需要将其删除，右击第 1 帧，执行"删除帧"快捷菜单命令，完成元件的编辑。

6）返回场景，将"人走路"元件拖入场景，复制两次，得到三个元件实例，然后使用任意变形工具分别修改三个元件实例的大小，如图 4-43 所示。

7）测试影片，保存文件为"人走路.fla"。

【例 4-4】 制作按钮元件。

1）新建文件，预设选择"标准"，使用默认尺寸，设置帧速率为 30fps，平台类型为 ActionScript 3.0。

2）执行"插入｜新建元件"菜单命令，创建按钮元件，命名为"play"。

3）在时间轴"弹起"帧中，使用椭圆工具以对象绘制模式绘制一个无边框、填充颜色为#006699 的圆。

4）再绘制一个略小的圆，填充颜色为#66CCFF。执行"修改｜转换为元件"菜单命令，将其转换为影片剪辑元件。在属性面板中添加斜角滤镜，类型为内侧，制作浮雕效果。

5）使用文字工具，设置字体为 Arial，颜色为白色，在圆中间位置输入"play"。此时，完成了按钮在弹起时的外观制作，结果如图 4-44（a）所示。

6）在"指针经过"帧中插入关键帧。选中小圆，在属性面板中设置色彩效果，调整色调为 20%，红色为 120，绿色为 0，蓝色为 0，结果如图 4-44（b）所示。

7）右击"弹起"帧，执行"复制帧"快捷菜单命令，然后右击"按下"帧，执行"粘贴帧"快捷菜单命令，将"弹起"帧中的内容复制到"按下"帧中。

8）在"按下"帧中，选中所有的对象，按住 Shift 键使用任意变形工具调整其大小，制作一个变小的按钮，结果如图 4-44（c）所示。

（a）　　　（b）　　　（c）

图 4-43　场景中的三个元件实例　　　图 4-44　按钮的三种状态

9）执行"文件｜导入"菜单命令，将"按钮声音.wav"文件导入库中。

10）选中"按下"帧，从库面板中将声音文件拖放到舞台中，即在"按下"帧中添加声音。

11）完成元件编辑，返回场景。将"play"元件拖放到舞台中，测试影片。鼠标指针经过按钮时，按钮的颜色会改变。单击按钮，按钮会变小并发出声音。

12）测试影片，保存文件为"按钮.fla"。

4.4.2　逐帧动画

逐帧动画是指在时间轴中逐帧绘制帧内容，几乎所有的帧都是关键帧。因为是一帧一帧地制作出来的，所以逐帧动画具有非常大的灵活性，几乎可以表现任何所想表现的内容。

制作逐帧动画的方法：①导入一组图像作为动画素材，按照动画播放的顺序将图像放入不同的关键帧中，制作逐帧动画；②利用绘图工具一帧一帧地绘制矢量图，制作逐帧动画。例如，在例 4-3 中，影片剪辑元件就是用多幅图像制作的逐帧动画。

【例 4-5】　逐帧动画制作手绘图效果。

1）新建文件，预设选择"标准"，使用默认尺寸，设置帧速率为 12fps，平台类型为 ActionScript 3.0。

2）执行"文件｜导入｜导入到库"菜单命令，将素材文件"背景.jpg"和"手.png"导入库中。

3）将图层_1 重命名为"背景"。选中时间轴第 1 帧，从库面板中将"背景"拖放到舞台中。使用任意变形工具调整"背景"的尺寸。

4）选中舞台中的"背景"，执行"修改｜分离"菜单命令。

5）在时间轴第 36 帧处单击"插入帧"按钮 ![img], 将"背景"从第 1 帧延长至第 36 帧。选中第 1～36 帧，右击，执行"转换为逐帧动画"快捷菜单命令，每隔 1 帧设置一个关键帧。

6）新建图层，命名为"手"。从库面板中将"手"拖放到"手"图层的第 1 帧中。使用任意变形工具修改其尺寸和角度。

7）使用橡皮擦工具擦除"背景"图层第 1 帧中的全部内容。

8）在"手"图层的第 3 帧处插入关键帧，使用橡皮擦工具擦除"背景"图层第 3 帧中的部分内容，并将"手"移动到合适的位置，做出手绘图的效果。图 4-45 和图 4-46 分别是第 1 帧和第 3 帧的舞台内容。

图 4-45　第 1 帧的舞台内容　　　　图 4-46　第 3 帧的舞台内容

9）使用同样的方法，在"手"图层第 5 帧、第 7 帧等处依次插入关键帧，同时擦除"背景"图层中的相应内容，制作"背景"逐渐被绘制出来的效果，如图 4-47 所示。

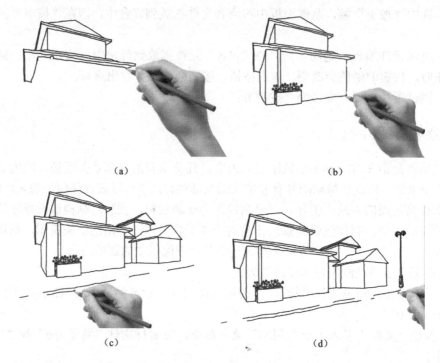

图 4-47　手绘图效果

10）动画制作完成后的时间轴如图 4-48 所示。

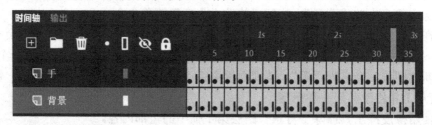

图 4-48　时间轴

11）测试影片，保存文件为"逐帧动画.fla"。

4.4.3　补间动画

补间动画是指在对象的帧序列第 1 帧和最后 1 帧处分别设置不同的属性，中间过程由 Animate 自动完成，使得该对象属性由第 1 帧逐渐过渡到最后 1 帧。Animate 可以创建补间 形状动画、传统补间动画和补间动画三种动画形式。

1．制作补间形状动画

补间形状动画是指在时间轴的一个关键帧中绘制一个矢量形状，然后在另一个关键帧 中修改形状或绘制另一个形状，Animate 自动在这两个关键帧之间的普通帧中插入中间形状。补间形状动画可以记录对象的形状变化，包括颜色、形状、大小、笔触、角度、透明度等属性的变化。补间形状动画只能对矢量图形变形，如果对象是元件实例、位图、组等，则必须先执行"修改｜分离"菜单命令，将其转换为矢量图形。补间形状动画更适合制作一个形状本身发生变化的动画，如果从一个形状变成另一个形状，则很难控制中间的过渡状态。

【例 4-6】　使用补间形状动画制作图案变形效果。

1）新建文件，预设选择"标准"，使用默认尺寸，设置帧速率为 24fps，平台类型为 ActionScript 3.0。

2）选择椭圆工具，设置填充颜色为绿色，无笔触颜色，在舞台上绘制一个圆。

3）打开对齐面板，勾选"与舞台对齐"，在"对齐"栏中单击"水平中齐"和"垂直中齐"按钮，使圆位于舞台正中。

4）在第 40 帧处插入空白关键帧，使用椭圆工具绘制一个无笔触颜色、填充颜色为红白线性渐变的椭圆。使用渐变变形工具调整渐变区域，改为上红下白的渐变，成为花瓣图形，如图 4-49 所示。

5）选中第 40 帧的花瓣图形，使用任意变形工具，将中心点位置调整到图形的底部。打开变形面板，设置旋转角度为 20°，单击"重置选区和变形"按钮，可以复制出新对象并执行变形操作，需要旋转并复制图形 17 次，制作红色花朵图形。

6）选中第 40 帧的所有图形，使用对齐面板将其调整到舞台正中。让第 1 帧和第 40 帧图形的中心点位置保持一致。完成后的第 1 帧和第 40 帧的图形分别如图 4-50（a）和（b）所示。

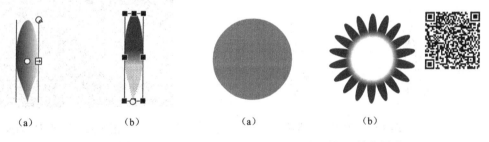

图 4-49　椭圆渐变变形　　　　图 4-50　第 1 帧和第 40 帧的图形

7）在第 1～40 帧之间创建补间形状动画。

8）选中第 1～40 帧，右击，执行"复制帧"快捷菜单命令，然后选中第 41 帧，右击，执行快捷菜单"粘贴帧"菜单命令。

9）选中第 41～80 帧，右击，执行"翻转帧"快捷菜单命令，制作绿色圆变成红色花朵然后又变回圆的变形效果。

10）在第 100 帧处插入关键帧，使用变形工具将圆缩小，在属性面板中设置填充的 Alpha 为 0。在第 80～100 帧之间创建补间形状动画，制作圆逐渐变小并消失的效果。

11）测试影片，保存文件为"图形变形.fla"。

2. 制作动作补间动画

制作动作补间动画是 Animate 中使用最多的动画制作方法，用来制作因对象属性变化而产生的动画效果。动作补间动画可以通过创建传统补间动画和补间动画两种方式实现。构成补间动画的元素是非矢量对象，包括元件实例、文字、位图、组合等。

传统补间动画是 Flash 早期用来创建动画的一种方式，需要建立起始和结束两个关键帧，并在两个关键帧中对同一个元件实例改变其大小、颜色、位置、透明度等属性，Animate 将在两个关键帧之间自动插入中间状态形成动画。

补间动画比传统补间动画操控性更好，更易于调整元件实例的属性，在操作上与传统补间动画不同。在起始关键帧中创建补间动画，时间轴上会产生一个补间范围，可用鼠标拖动或者使用"插入帧"按钮延长补间范围；在补间范围中的任意帧中改变元件实例的属性，例如，位置、大小、旋转、透明度等，即会产生属性关键帧，属性关键帧在时间轴上以一个黑色实心菱形表示。

如果补间动画中包含了位置的变化，那么在位置的起点和终点间会生成一条运动路径，其中的小圆点表示每帧中补间对象的位置。运动路径就是补间对象在舞台上移动时所经过的路径。可以使用选择、部分选择、转换锚点、删除锚点和任意变形等工具来修改舞台上的运动路径，如图 4-51 所示。

如图 4-52 所示为补间属性面板。"缓动"用于调整补间对象的属性变化速度。例如，小球在下落时是加速运动，可设置缓动值为负数；反弹时是减速运动，可设置缓动值为正数。"旋转"用于设置对象顺时针或逆时针旋转。"计数"和"角度"分别用于设置旋转次数和角度。

图 4-51　改变运动路径

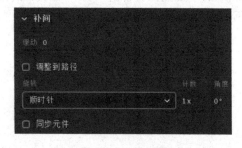

图 4-52　补间属性面板

【例 4-7】　利用传统补间动画制作行驶的船。

1）新建文件，预设选择"标准"，设置尺寸为 550×400 像素，帧速率为 30fps，平台类型为 ActionScript 3.0。

2）执行"文件｜导入"菜单命令，将素材文件"船.png"导入库中。

3）执行"插入｜新建元件"菜单命令，新建影片剪辑元件，名称为"ship"，进入元件编辑环境。

4）将库面板中的"船"拖入舞台，放在"图层_1"的第 1 帧中。执行"修改｜转换为元件"菜单命令，或者在属性面板中单击"转换为元件"按钮，将位图转换为图形元件。

5）分别在第 15、30 帧处插入关键帧。在第 15 帧中将"船"向上移动，在第 30 帧中将"船"向下移动。

6）在第 1～15 帧和第 15～30 帧之间创建传统补间动画，在"ship"元件中制作出轮船上下起伏的效果。

7）新建影片剪辑元件，名称为"star"。进入元件编辑环境，在第 1 帧中使用多角星形工具绘制一个无笔触颜色，填充颜色为黄色#FFCC00 的五角星。

8）在第 30 帧处插入关键帧，在属性面板中修改填充的 Alpha 为 0%，创建补间形状动画，制作星星闪烁的动画效果。

9）返回场景 1，图层_1 重命名为"波浪"。在第 1 帧中使用铅笔或者画笔工具画出起伏的波浪线条，使用颜料桶工具填充蓝色#0000FF。在第 90 帧处插入关键帧，修改波浪的形状，如图 4-53 所示。在第 1～90 帧之间创建补间形状动画。

（a）　　　　　　　　　　　　　　（b）

图 4-53　第 1 帧和第 90 帧的波浪变形

10）新建图层，命名为"星星"。将库面板中的"star"元件拖入图层 2 第 1 帧中。可以建立多个星星元件实例，并修改元件实例的大小。在第 90 帧处插入帧使之延长。

11）新建图层，命名为"船"。将"ship"元件拖入图层 3 第 1 帧中。在第 90 帧处插入关键帧，拖动"船"改变其位置，创建传统补间动画。调整图层的位置，将"船"放在最下层。

12）打开属性面板，将舞台颜色改为黑色，行驶的船效果如图 4-54 所示。

13）测试影片，保存文件为"行驶的船.fla"，时间轴如图 4-55 所示。

图 4-54　行驶的船效果

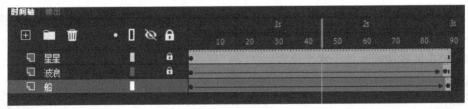

图 4-55　时间轴

【例 4-8】　利用补间动画制作跷跷板动画。

1）新建文件，预设选择"标准"，使用默认尺寸，设置帧速率为 30fps，平台类型为 ActionScript 3.0。

2）执行"文件｜导入"菜单命令，将两只小猴素材文件"monkey1.png"和"monkey2.png"导入库中。

3）图层_1 重命名为"跷跷板"。选择基本矩形工具，设置笔触大小为 17.00，笔触颜色为蓝色#0066CC，无填充颜色，选择圆角端点和圆角结合点，在"矩形选项"栏中设置左下角和右下角的半径均为25，在第1帧中绘制矩形，如图4-56所示。

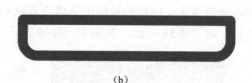

（a）　　　　　　　　　　　　　　　　　　　（b）

图4-56　绘制矩形

4）执行"修改｜分离"菜单命令，将矩形转换为矢量图形，然后使用选择工具选中矩形顶部的直线，将其删除。

5）选择多边形或套索工具，在矩形底部选中中间的一段直线。在属性面板中，将笔触颜色改为红色，选择方形端点，效果如图4-57所示。

6）选中绘制好的图形，转换为图形元件，命名为"跷跷板"。

7）新建图层，命名为"底座"，绘制一个无边框的矩形，填充颜色为黄色#FF9900，使用选择工具修改线条形状，为跷跷板增加一个底座，效果如图4-58所示。

图4-57　中间一段改为红色　　　　　　　　　　图4-58　绘制跷跷板底座

8）在"跷跷板"图层的第1帧中创建补间动画，拖动图层中的补间区域使之延长至第60帧。

9）在"跷跷板"图层中选中第15帧，将跷跷板的中心点移到与底座相接的位置，使用任意变形工具对跷跷板进行旋转，效果如图4-59所示。用同样的方法处理第45帧。第1、30和60帧中的跷跷板应处于水平位置。

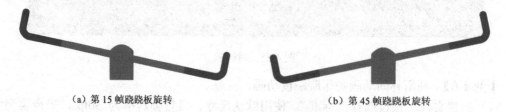

（a）第15帧跷跷板旋转　　　　　　　　　　　　（b）第45帧跷跷板旋转

图4-59　跷跷板旋转

10）新建两个图层，分别将两只小猴从库面板拖入舞台第1帧中，创建补间动画并延长至第60帧。

11）在第 15、30 和 45 帧中，分别移动两只小猴的位置，做出一只小猴坐在跷跷板上，另一只小猴弹跳起来的动画效果，各帧动画效果如图 4-60 所示，时间轴上增加了对应的属性关键帧。

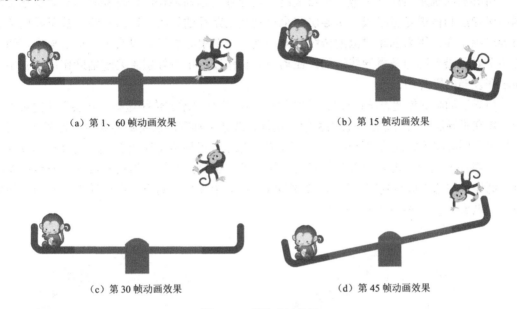

（a）第 1、60 帧动画效果　　　　　　　　　　　（b）第 15 帧动画效果

（c）第 30 帧动画效果　　　　　　　　　　　（d）第 45 帧动画效果

图 4-60　弹跳动画效果

12）给跳起的小猴增加空中翻滚的效果。在第 30 帧前、后各增加一些属性关键帧，对小猴进行旋转，如图 4-61 所示。

图 4-61　空中翻滚效果

13）测试影片，保存文件为"跷跷板.fla"，时间轴如图 4-62 所示。

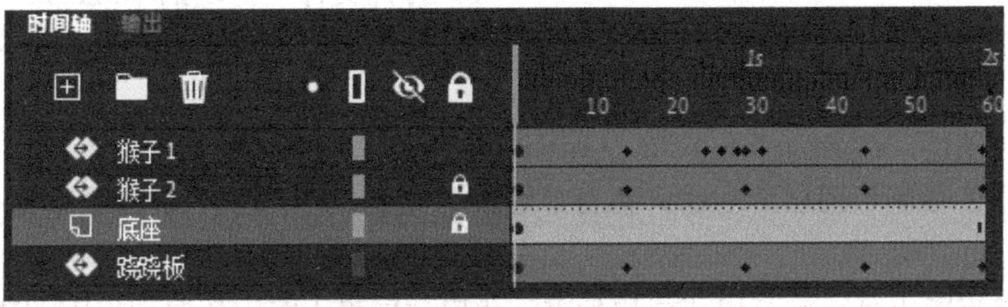

图 4-62　时间轴

4.4.4 引导层动画

引导层动画是指让一个或多个对象沿着设计好的运动路径做传统补间运动。引导层动画由引导层和被引导层组成。引导层用来绘制运动路径的线条，即引导线。被引导层位于引导层的下面，用来创建对象的传统补间动画。一个引导层下可以有多个被引导层，即允许多个对象沿着同一条引导线运动。在动画的制作过程中引导层主要起辅助作用，它不会显示在发布的影片中。

引导层动画的创建方法：在目标图层上右击，执行"添加传统运动引导层"快捷菜单命令，建立引导层。在引导层中使用钢笔、铅笔、线条工具等可以绘制笔触的工具画引导线。在被引导层的起始关键帧和结束关键帧中，把对象中心点拖至引导线上，创建传统补间动画。

在属性面板中，可以设置路径属性，如贴紧、调整到路径、沿路径着色、沿路径缩放等，例如，勾选"调整到路径"后，则图4-63（a）中飞机头的方向在运动中会变为跟随路径方向调整，如图4-63（b）所示。

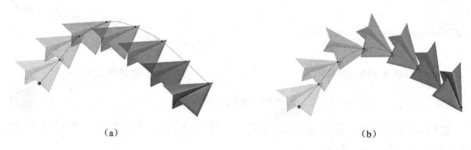

（a）　　　　　　　　　　　　　　　（b）

图4-63　勾选"调整到路径"前、后的效果

对于补间动画，则不需要添加引导层。可在普通图层上绘制路径，再将该路径复制到运动元件所在的图层中，即可添加运动路径。或者直接使用选择工具和部分选择工具等改变运动路径的形状。如图4-64所示为在补间动画中创建的运动路径。

图4-64　补间动画中的运动路径

【例 4-9】 利用引导层动画制作赛道上的跑车动画。

1）打开文件"跑动的车.fla"。

2）将图层_1改名为"赛道"，从库面板中将赛道拖入舞台第 1 帧中，在第 90 帧处插入帧使之延长。

3）新建图层，命名为"赛车"，从库面板中将赛车拖入舞台第 1 帧中。

4）选择"赛车"图层，右击，执行"添加传统运动引导层"快捷菜单命令，添加引导层。

5）选择铅笔工具，铅笔模式选择平滑。在引导层第 1 帧中按照赛道的形状绘制线条，引导线是连续不封闭的线条，如图4-65所示。在第 90 帧处插入帧使之延长。

6）在"赛车"图层第 90 帧处插入关键帧，在第 1 帧和第 90 帧中分别将赛车中心点移动到引导线上，创建传统补间动画，如图 4-66 所示。在属性面板中勾选"调整到路径"，使"赛车"在运动中根据路径的变化调整自身的方向。

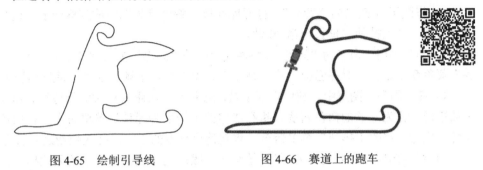

图 4-65　绘制引导线　　　　　　　　图 4-66　赛道上的跑车

7）测试影片，保存文件为"赛道上的跑车.fla"，时间轴如图 4-67 所示。

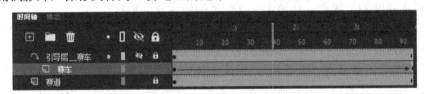

图 4-67　时间轴

本例也可以在补间动画中实现。在"赛车"图层第 1 帧中创建补间动画并延长至第 90 帧。新建图层，在其中绘制好赛车运动路径后复制到"赛车"图层中，即可得到运动轨迹如图 4-68 所示。

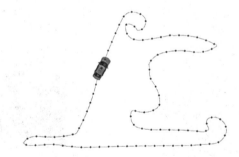

图 4-68　补间动画中的赛车运动轨迹

4.4.5　遮罩动画

遮罩层是一种特殊的图层，使用遮罩层后，只有位于遮罩层填充色块下方的被遮罩层中的内容才能显示出来。利用遮罩层来完成的动画称为遮罩动画。

制作遮罩动画至少需要两个图层，上面的图层是遮罩层，下面的图层是被遮罩层。在遮罩层中绘制或者放置填充形状作为遮罩。在图层上右击，执行"遮罩层"快捷菜单命令，即可建立遮罩层。一个遮罩层可以遮罩多个图层。要添加被遮罩层，只需要将其拖放到遮罩层的下面即可。

【例 4-10】 利用遮罩动画制作打开的画卷动画。

1）打开文件"画卷.fla"。

2）将图层_1 改名为"背景"，打开库面板，将"背景"拖放到舞台上，适当调整其大小及位置，插入帧使之延长至第 70 帧。

3）新建图层，命名为"画卷"，将库面板中的"画卷"拖放到舞台上。执行"窗口 | 对齐"菜单命令，打开对齐面板，将"画卷"设置为相对于舞台水平、垂直均居中对齐。

4）在"画卷"图层中，利用矩形工具，绘制一个比画卷略大的无边框、填充颜色为白色的矩形，作为画卷的白色衬底。执行"修改 | 转换为元件"菜单命令，将白色矩形转为元件。执行"修改 | 排列"菜单命令，将其移至画卷的下方。插入帧使之延长至第 70 帧。

5）新建图层，命名为"遮罩"，绘制一个跟白色衬底一样大小的无边框、任意颜色的矩形，并且与白色衬底位置重合。在第 70 帧处插入关键帧。选择遮罩层第 1 帧，在属性面板中修改矩形高度为 1 像素。在第 1～70 帧之间创建补间形状动画。

6）在时间轴面板中右击"遮罩"图层，执行"遮罩层"快捷菜单命令，此时该图层由普通图层转换为遮罩层，"画卷"图层为被遮罩层。

7）新建图层，命名为"上卷轴"，将库面板中的"卷轴"拖入舞台，适当调整大小及位置。新建图层，命名为"下卷轴"，将"卷轴"复制到"下卷轴"图层中。

8）在"下卷轴"图层第 70 帧处插入关键帧，将"卷轴"下移至画卷底部。在第 1～70 帧之间创建传统补间动画，制作画卷随着下卷轴下移并打开的动画效果，如图 4-69 所示。

（a） （b）

图 4-69 画卷打开第 1 帧和第 70 帧的效果

9）测试影片，保存文件，时间轴如图 4-70 所示。

图 4-70 时间轴

4.4.6　交互动画

在 Animate 中，可以使用 ActionScript 3.0 和 JavaScript 脚本语言，对动画施加更精确、复杂的控制，进而创作出富有交互体验的动画。在 Animate 中，根据开发平台的不同，可以使用不同的脚本语言。

最常用的文件类型是 ActionScript 3.0 和 HTML5 Canvas（画布）。ActionScript 3.0 平台下主要发布传统的 SWF 动画，其脚本语言是 ActionScript 3.0。HTML5 Canvas 平台下，Animate 自动通过 CreateJS 生成 HTML5 网页输出。CreateJS 是一套可以构建 HTML5 交互应用的 JavaScript 库。本节不对脚本语言的语法做深入讲解，主要介绍如何使用向导和代码片断的方式来添加与使用脚本代码。

脚本代码可以添加在关键帧、按钮元件或影片剪辑元件上。脚本代码中可以使用函数来控制时间轴的播放、停止和跳转等功能。常用的时间轴函数说明如下。

- play( )：从当前帧开始播放动画。
- stop( )：停止动画的播放。
- gotoAndPlay( )：跳转到某帧去播放。
- gotoAndStop( )：跳转到某帧并停止。

脚本代码的执行可以由事件触发。常用的触发事件说明如下。

- With this frame：播放当前帧。
- Mouse Click：鼠标单击事件，关键字为 click。
- Mouse Over：鼠标（指针）经过事件，关键字为 mouseover。
- Mouse Out：鼠标（指针）移出事件，关键字为 mouseout。
- Double Click：鼠标双击事件，关键字为 dbclick。

1. 使用向导添加脚本代码

在 HTML5 Canvas 文件中，可以使用动作面板中的"使用向导添加"按钮来添加脚本代码。例如，在时间轴的第 1 帧处停止动画的播放，操作步骤如下。

1）选择时间轴的第 1 帧，打开动作面板，单击"使用向导添加"按钮。

2）第 1 步：在"选择一项操作"中选择"Stop"，在"要应用操作的对象"中选择"This timeline"，如图 4-71 所示。

图 4-71　使用向导添加动作第 1 步

3）第 2 步：在"选择一个触发事件"中选择"with this frame"，单击"完成并添加"按钮。

4）完成后，在动作面板中可以看到，在图层_1 的第 1 帧中添加了两行脚本代码及注释。时间轴的第 1 帧上出现了一个代码标志"α"。脚本代码如下：

```
var _this = this;
/*
停止播放影片剪辑/视频
停止播放指定影片剪辑或视频
*/
_this.stop();
```

【例 4-11】 在 HTML5 Canvas 文件中使用按钮控制动画的播放和停止。

1）打开文件"交互动画.fla"。

2）执行"插入 | 新建元件"菜单命令，新建两个按钮元件，效果如图 4-72 所示，元件名分别命名为"play"和"stop"。

3）返回场景，新建图层，命名为"按钮"。将两个按钮元件拖入舞台。在属性面板中，修改两个元件实例名称分别为"play_btn"和"stop_btn"。

4）选择"动画"图层的第 1 帧，打开动作面板，使用向导添加脚本代码，让动画在时间轴第 1 帧处停止播放。

5）选择"按钮"图层的第 1 帧，使用向导添加脚本代码。操作选择"Play"，要应用操作的对象选择"This timeline"，触发事件选择"On Mouse Click"，要触发事件的对象选择"play_btn"。添加了"播放"按钮的脚本代码后，继续添加"停止"按钮的脚本代码。生成的脚本代码如下：

```
var _this = this;
_this.play_btn.on('click', function(){
  _this.play();
});
```

播放 停止

图 4-72 按钮元件

```
var _this = this;
_this.stop_btn.on('click', function(){
  _this.stop();
});
```

图 4-73 代码片断

2. 使用代码片断

代码片断是 Animate 预置的一些功能代码，可以执行"窗口 | 代码片断"菜单命令，或者单击动作面板中的 按钮打开代码片断面板。用户可以直接将代码片断添加到脚本代码中，方便非编程人员能轻松地使用脚本语言。每种文件类型只能使用对应的代码片断。在 ActionScript 中，对代码片断根据不同的功能进行了分类，包括动作、时间轴导航、动画等，如图 4-73 所示。

要使用代码片断，首先要对舞台上需要添加交互的影片剪辑和按钮元件实例进行命名。选择元件实例或者时间轴中的关键帧，双击代码片断面板中的代码片断，即可完成添加。Animate 会自动添加一个"Actions"图层来放置脚本代码。如果选择的是舞台上的对象，Animate 会将代码片断添加到动作面板中包含所选对象的帧中。如果选择的是时间轴，Animate 会将代码片断添加到帧中。

【例 4-12】　使用代码片断制作闪烁的灯。

1）打开文件"灯.fla"。

2）在"灯泡"图层第 1 帧中绘制一个无边框的圆，填充颜色为灰色（#666666）。

3）在第 5、10、15、20、25、30、35、40 帧处插入关键帧，修改圆的填充颜色：第 5帧为橙色（#FFCC00），其他关键帧中圆的颜色可以自定义不同颜色。

4）分别选中各关键帧中的圆，将其转换为影片剪辑元件。

5）除了第 1 帧中的灰色圆，在属性面板中为其他颜色的圆添加"发光"滤镜，并修改发光属性"模糊 X"和"模糊 Y"为 50，强度为 100%，发光颜色改为与圆的填充颜色一致。制作出不同颜色的发光灯泡效果。

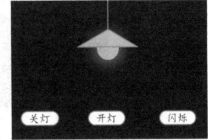

图 4-74　舞台内容

6）新建图层，命名为"灯罩"。将库面板中的"灯罩"元件拖入舞台，插入帧使之延长至第 40 帧。

7）新建图层，命名为"按钮"。将库面板中的三个按钮拖入舞台，在属性面板中将三个按钮元件实例分别命名为"open_btn"、"close_btn"和"twinkle_btn"。舞台内容如图 4-74 所示。

8）选择第 1 帧，打开代码片断面板，在 ActionScript的代码片断中，选择"时间轴导航"中的"在此帧处停止"，将在"Actions"图层第 1 帧中添加脚本代码"stop();"。

9）选择"关灯"按钮，在代码片断面板中，选择"时间轴导航"中的"单击以转到帧并停止"，修改生成的脚本代码 gotoAndStop()，转到第 1 帧并停止。在"Actions"图层中添加以下脚本代码：

```
close_btn.addEventListener(MouseEvent.CLICK,
                    fl_ClickToGoToAndStopAtFrame_4);
function fl_ClickToGoToAndStopAtFrame_4(event:MouseEvent):void
{
  gotoAndStop(1);
}
```

10）选择"开灯"按钮，在代码片断面板中，选择"时间轴导航"中的"单击以转到帧并停止"，修改脚本代码 gotoAndStop()，转到第 5 帧并停止。在"Actions"图层中添加以下脚本代码：

```
open_btn.addEventListener(MouseEvent.CLICK,
                    fl_ClickToGoToAndStopAtFrame_3);
function fl_ClickToGoToAndStopAtFrame_3(event:MouseEvent):void
{
  gotoAndStop(5);
}
```

11）选择"闪烁"按钮，在代码片断面板中，选择"时间轴导航"中的"单击以转到帧并播放"，修改脚本代码 gotoAndPlay()，转到第 10 帧并播放。在"Actions"图层中添加以下脚本代码：

```
twinkle_btn.addEventListener(MouseEvent.CLICK,
                            fl_ClickToGoToAndPlayFromFrame_3);
function fl_ClickToGoToAndPlayFromFrame_3(event:MouseEvent):void
{
  gotoAndPlay(10);
}
```

12）在"Actions"图层第 40 帧处插入关键帧。在动作面板中直接输入脚本代码"gotoAndPlay(10);"，让播放头可以回到第 10 帧循环播放。这样，即可制作出灯泡以不同颜色连续闪烁的效果。

13）测试影片，保存文件，时间轴如图 4-75 所示。

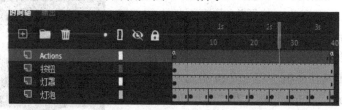

图 4-75 时间轴

4.4.7 导入音频和视频

音频是动画制作中的重要素材，可以为动画添加背景音乐和配音等。Animate 支持多种音频格式，如 WAV、MP3、WMV、FLAC、OGG、OGA 等。WebGL 和 HTML5 Canvas 只支持 MP3 和 WAV 格式。

视频可以导入时间轴中播放，或者通过链接方式导入外部视频使用视频组件来播放。Animate 支持当前主流的视频格式，包括 FLV、F4V、MP4、MOV 等。HTML5 Canvas 只支持 MP4 格式。

1. 音频的导入

Animate 中有两种音频类型：事件音频和流音频。事件音频必须完全下载后才能开始播放，除非明确停止，否则它将一直连续播放。流音频在前几帧下载了足够的数据后就开始播放。要在时间轴上添加音频文件，可以从计算机中直接把音频文件拖入舞台或时间轴，或者选择空白关键帧，将库面板中的音频文件拖到舞台中，图层中即会显示音频的波形。

在属性面板"声音"栏中可以设置和编辑音频。"名称"用于选择音频文件。"效果"用于选择左声道、右声道、淡入、淡出等音效，或者自定义音效。"同步"用于设置音频播放的同步方式，有 4 个选项。

● 事件：音频独立于时间轴完整播放。

- 开始：音频独立于时间轴播放，但是如果已有音频在播放，新音频实例将不会播放。
- 停止：停止音频的播放。
- 数据流：强制音频与动画同步。当动画开始播放时，音频也随之播放；当动画停止时，音频也随之停止。

2. 视频的导入

执行"文件｜导入｜导入视频"菜单命令，在"导入视频"对话框中选择要导入的视频文件，并选择视频导入方式。可以使用视频组件加载外部视频，这是最常用的视频导入方式。这种方式下，视频是独立于 Animate 文件的，并不会真的将视频导入 Animate 文件中，而是使用内置的 FLVPlayback 组件来播放外部视频，因此生成的 SWF 文件较小。视频导入后，舞台上会出现 FLVPlayback 组件，可以使用组件参数面板进行播放设置。

在 SWF 中导入 FLV 格式视频并在时间轴中播放，这种导入方式仅支持 FLV 格式视频，视频数据将被添加到文件中，因此生成的 SWF 文件较大。

Animate 提供了视频组件 FLVPlayback 用于链接外部视频并播放。执行"窗口｜组件"菜单命令，打开组件面板。"Video"中包含有 FLVPlayback 组件和 FLVPlayback 2.5 组件。将 FLVPlayback 组件拖入舞台，选择舞台上的视频组件实例，打开组件参数面板进行设置，部分组件参数如图 4-76 所示。其中，autoPlay 用于设置是否自动播放。其他组件参数还有：skin 用于设置组件外观，将打开"选择外观"对话框，从中可以选择外观和颜色；source 用于从本地位置选择视频文件，或提供一个 URL 地址来播放视频；volume 为 0～1 之间的值，表示要设置的音量与最大音量的比值。

【例 4-13】　使用按钮进行多视频播放。

1）新建文件，预设选择"标准"，使用默认尺寸，设置帧速率为 30fps，平台类型为 ActionScript 3.0。

2）新建两个按钮元件，将按钮元件从库面板中拖入舞台。在属性面板中定义按钮元件实例名分别为"btn1"和"btn2"。

3）执行"窗口｜组件"菜单命令，打开组件面板，选择"Video"中的 FLVPlayback 组件拖入舞台，在属性面板中设置视频组件实例名为"playvideo"，在组件参数面板中选择播放器的外观（skin）为 skinOverAll.swf，并勾选"skinAutoHide"以隐藏播放器外观，勾选"autoPlay"以自动播放视频。在舞台上添加组件后的效果如图 4-77 所示。

图 4-76　组件参数面板

图 4-77　在舞台上添加组件

4）选择按钮元件实例，打开代码片断面板，在 ActionScript 下选择"音频和视频"中的"单击以设置视频源"，生成"Actions"图层，并在该图层第 1 帧中插入了脚本代码。可在动作面板看到生成的脚本代码：

```
btn1.addEventListener(MouseEvent.CLICK, fl_ClickToSetSource);
function fl_ClickToSetSource(event:MouseEvent):void
{
   video_instance_name.source="http://.../water.flv";
}
```

其中，"btn1"是按钮实例名。"fl_ClickToSetSource"是调用的函数名，可自定义函数名。"video_instance_name"是视频组件实例名。"http://.../water.flv"是播放视频的 URL 地址，或者视频在当前计算机中的文件路径。

5）修改以上的脚本代码。将函数名自定义为"play1"，视频组件实例名修改为"playvideo"。本例中将视频文件和 Animate 文件放在同一文件夹中，所以视频文件路径只需要写文件名"video1.mp4"。将 btn1 的脚本代码复制并粘贴到动作面板中，修改按钮元件实例名为"btn2"，函数名自定义为"play2"，视频文件名为"video2.mp4"。脚本代码如下：

```
btn1.addEventListener(MouseEvent.CLICK, play1);
function play1(event:MouseEvent):void
{
  playvideo.source = "video1.mp4";
}

btn2.addEventListener(MouseEvent.CLICK, play2);
function play2(event:MouseEvent):void
{
  playvideo.source = "video2.mp4";
}
```

6）测试影片，保存文件为"视频播放.fla"。视频播放效果如图 4-78 所示。

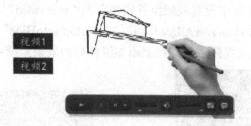

图 4-78 视频播放效果

习题 4

1. 使用 Animate 动画制作软件，按下列要求制作动画，效果参见"Flash 样张 A.swf"

（除"样张"字符外）。

要求：

（1）新建文件，大小为 550×400 像素，黑色背景，平台类型为 ActionScript 3.0。

（2）导入"小人 001.wmf"至"小人 005.wmf"5 张图，制作小人行走的影片剪辑元件。

（3）导入"背景.wmf"，制作背景图从右向左移动，以及淡入淡出效果。

（4）制作补间动画实现小人在背景地面上行走的效果，并在结束时有一个向上跳跃的动作。

（5）制作"再次播放"文字按钮，动画结束时，自下而上浮出按钮。

（6）制作交互动画，在动画的最后一帧停止动画播放，单击按钮能重新播放动画。

（7）保存文件为"FlashA.fla"。

2．使用 Animate 动画制作软件，打开"FlashB.fla"文件，按下列要求制作动画，效果参见"Flash 样张 B.swf"（除"样张"字符外）。【上海市高等学校信息技术水平考试 2021 年试题】

要求：

（1）在场景 1 中，使用代码片断面板在第 1、2 帧处执行"在此帧处停止"命令。

（2）打开库中的影片剪辑元件"遮罩文字"，参照样张实现遮罩文字动画效果，持续50 帧。

（3）打开影片剪辑元件"渐变元件"，参照样张在"对象"属性面板中设置色彩效果的Alpha 值，实现第 1～50 帧淡出效果，第 51～100 帧淡入效果。

（4）打开影片剪辑元件"缓动动画"，将元件 5 放到图层_1 中，创建补间动画。第 1～50 帧从(710,-110)移到(0,-110)，设置补间的缓动值为 100。第 51～100 帧从(0,-110)移到(-900,-110)，补间的缓动值为-100。再分别将元件 6 和元件 7 放到图层_2 和图层_3 中，依次实现同样的动画效果。在图层_4 的第 300 帧中放置按钮元件"return"，位置(-45,75)。使用代码片断面板添加脚本代码，在第 300 帧处执行"在此帧处停止"命令。为按钮添加动作"单击以转到场景并播放"，并修改动作脚本代码为 MovieClip(this.root).gotoAndStop(1, "场景 1");。单击按钮，返回场景 1。

（5）回到场景 1，在"交互按钮"图层的第 1 帧中放置按钮元件"enter"，使用代码片断面板添加脚本代码，单击按钮跳转到第 2 帧并开始播放动画。

第5章

数字视频技术与应用

人类接收的信息主要来自视觉，其中动态图像是信息量最丰富、最生动的。视频是连续变化的动态图像，以叙事的方式直观地反映现实，能够使人们感性地认识和理解信息所表达的含义。视频可以通过摄像设备直接从现实世界获取，还可以配上音频作为伴音。

5.1 数字视频技术基础

5.1.1 视频概述

视频是连续变化的动态图像，可以由连续拍摄一系列静止图像组成，其中一幅图像在视频中称为一帧。

当我们观看电影的时候，感觉画面是连续自然的，其中场景的变化和人物活动等都是连贯的。实际上这些连续变化的画面是将每个电影胶片上的静态画面以一定速率投影到银幕上产生的。经实践证明，这些静态画面播放频率达到每秒 24 帧的时候，人的视觉感受就是连续的，就会有运动的视觉效果，这是由人眼的视觉暂留效应造成的。

1. 视频表示

视频是时间轴上的图像序列。如果把图像看成二维空间，那么视频就是三维空间，其在二维图像基础上增加了时间维度。每秒播放的图像帧数，即帧速率或帧频，就是一种视频表示方式。

2. 视频扫描

视频扫描分为逐行扫描和隔行扫描。

逐行扫描是指视频成像时一行一行地扫描，形成一帧画面，并将这一帧画面显示在屏幕上。

隔行扫描是指视频成像时先扫描偶数行，形成一场，称为偶场，然后再扫描奇数行，也形成一场，称为奇场。这样一帧画面就分成了两场，这两场在空间上和时间上都是不一样的。显示时，这两场要与显示器的偶数行、奇数行分别对应。

当前，4K（超高清）视频采用了逐行扫描方式，画质更好。

5.1.2 数字视频参数

数字视频参数主要包括视频分辨率、帧速率、码率。

1. 视频分辨率

视频分辨率指的是视频画面在一个单位尺寸内的精密度，也称为视频解析度，它决定了视频画面细节的精密程度，例如，视频分辨率为1280×720 像素，是指视频画面水平方向为 1280 像素，垂直方向为 720 像素。

描述视频分辨率常会使用 i、P、K 等单位。P 是英文单词 Progressive 的首字母，含义是逐行扫描，例如，720P 表示一帧画面纵向有 720 像素（行）。i 是英文 Interlaced scanning 的首字母，含义是隔行扫描，例如，1080i 表示一帧画面纵向有 1080 行，按照隔行扫描方式沿纵向要扫描两场，即奇场和偶场。K 表示一帧画面横向有多少像素（列）。随着视频分辨率越来越大，开始用 K 为单位，例如，2K 表示一帧画面横向有大约 2000 列，具体视频分辨率为 2560×1440 像素；4K 表示一帧画面横向有大约 4000 列，具体视频分辨率为 3840×2160 像素；8K 则表示一帧画面横向有大约 8000 列，具体视频分辨率为 7680×4320 像素。

视频分辨率是衡量数字视频质量的一项重要因素，当前视频行业按视频质量进行分类，包括标清、高清和超高清。

① 标清：视频分辨率在 720P 以下，如 480×320 像素、640×480 像素。

② 高清：有 720P、1080i 与 1080P 三种形式，其中 1080P 也称为全高清（Full High Definition）。

③ 超高清：国际电信联盟将 4K 以上的视频分辨率定为超高清（Ultra HD）。

2. 帧速率

帧速率（也称帧率）是指视频每秒播放的静态画面的数量（帧数），单位是 f/s（帧每秒，软件中一般写为 fps）或者 Hz（赫兹），可以表达视频画面的流畅程度。若要制作视觉感受平滑连贯的动画效果，帧速率一般不小于 8f/s，电影的帧速率多为 24f/s，电视的帧速率为 25f/s。在制作视频或者转换视频格式时，如果设置的帧速率过低会出现"卡"的感觉，因此需要根据制作精度要求和行业标准合理设置帧速率。理论上，拍摄捕捉动态视频时，帧速率越高，画面效果越连贯，质量越高，所占用的存储空间也越大。帧速率对视频的影响主要是播放视频时的帧速率。采用高帧速率 96f/s 拍摄的视频，若以 24f/s 帧速率播放，则视频中的动作将减慢 4 倍，成为慢镜头效果。常用的帧速率有 24f/s、25f/s、30f/s、60f/s，帧速率越高对于录制设备和显示设备的性能要求也越高。当前，手机等移动设备可以录制和播放视频，默认设置参数包括视频分辨率和帧速率，如 1080P、60f/s。

3. 码率

码率是指视频在单位时间内使用的数据量。码率会影响视频的品质与视频文件的大小，单位是 bit/s（有的软件中写为 bps 或 b/s），可以理解为在视频压缩时所设置的一个参数。在视频时间长度固定不变的情况下，码率取决于视频压缩软件设置的输出视频大小。码率越大，用于表达单位时间内视频画面的数据量就越大，视频画面精度就越高，压缩后的视频质量就越接近原始文件，但得到的文件大小也会越大。因此视频编码需要解决的一个关键问题就是如何用最低的码率实现最小的画质损耗。例如，一部被压缩为 1GB 的 1080P 电影，时长为 100min，计算可得码率约为 1.4Mbit/s，即每秒播放 1.4Mbit 的视频数据。计算过程如下：

100min=6000s

1GB=8589934592bit

码率=8589934592bit/6000s=1.4Mbit/s

5.1.3　数字视频格式

不同的行业组织或者公司根据自身的业务需求以及产品性能，提出或制定了一种或多种匹配自身应用设备和应用环境的数字视频格式，这些不同的格式采用相同或不同的视频压缩标准和技术以及编码算法。目前，在数字媒体技术领域应用较广的视频格式有：AVI、MOV、MPEG、DivX、RMVB、ASF、WMV、MKV 等。

（1）AVI 格式。AVI（Audio Video Interleaved，音频视频交叉）格式是微软公司开发的数字音频与视频格式。AVI 格式以帧作为存储视频的基本单位，在一帧中，先存储音频数据，再存储视频数据，音频数据和视频数据交叉存储。播放时，音频流和视频流交叉使用 CPU 的存取时间，使视频和音频可以同步播放。

但 AVI 格式并未规定压缩标准，因此，对于用不同压缩算法生成的 AVI 文件，必须使用相应的解压缩算法才能播放出来。

（2）MOV 格式。MOV 格式是 QuickTime 视频处理软件选用的视频格式，是苹果公司开发的数字音频与视频格式。MOV 格式具有较高的压缩比、视频清晰度以及优异的跨平台特性，不仅支持 macOS，也支持 Windows。QuickTime 支持 RLE、JPEG 等压缩技术，提供 150 多种视频效果。

QuickTime 以其领先的数字媒体技术和跨平台特性、较小的存储空间要求、技术细节的独立性以及系统的高度开放性，得到了业界的广泛认可，是数字媒体软件技术领域重要的工业标准。

（3）MPEG 格式。MPEG（Moving Picture Expert Group）是运动图像专家组制定的基于运动图像压缩算法的国际标准。MPEG 格式主要采用有损压缩方法减少运动图像中的冗余信息。在其发展过程中，应用广泛的 MPEG 标准有 MPEG-1、MPEG-2 和 MPEG-4。MPEG-1 和 MPEG-2 视频标准目前已经较少使用。MPEG-4（MP4）目前应用广泛，是为了播放流式媒体高质量视频设计的，它可利用很窄的带宽，通过帧重建技术压缩和传输数据，以求使用最少的数据获得最佳的图像质量。它能够保存接近于 DVD 画质的小体积视频文件。

（4）DivX 格式。DivX 是由 MPEG-4 衍生出的一种视频编码标准。其视频部分采用 MPEG-4 的视频压缩算法，音频部分采用 MP3 或 AC3 音频压缩算法（AC3 为杜比公司开发的有损音频压缩算法），然后将视频部分与音频部分合成起来，再加上字幕文件。其画质接近 DVD 画质，但文件体积较小，适合在手机等移动设备上观看。

（5）RMVB 格式。RMVB 是 Real Networks 公司制定的音频、视频压缩规范。其特点是对于静止和动作少的画面采用较低的编码速率，以留出更多的带宽空间给快速运动的画面。这样在保证了静止画面质量的前提下，大幅地提高了运动图像的质量，可以一边下载一边播放，适合在线视频应用。

（6）ASF 格式。ASF（Advanced Streaming Format）是微软公司推出的应用于 Internet 的实时传播多媒体信息的技术标准。ASF 定义为同步媒体的统一容器文件格式，使用 MPEG-4 压缩算法，压缩比和图像的质量都很好，文件体积小，适合网络传输。ASF 格式通用性较好，音频、视频、图像以及控制命令脚本等数字媒体信息都可通过这种格式以网络数据包的形式传输，实现流式媒体内容发布。另外，ASF 格式还是一种外部可控的视频格式，视频中可以带有命令脚本，用户可以指定在特定的时间点触发某个事件或操作。

（7）WMV 格式。WMV（Windows Media Video）是微软公司推出的一种采用独立编码方式并且可以通过 Internet 实时观看的视频格式。WMV 格式的主要优点：支持本地播放或网络回放、可扩充的媒体类型、可伸缩的媒体类型、支持多语言、具有环境独立性、丰富的流间关系以及可扩展性等。

（8）MKV 格式。MKV 格式是一种开源的数字媒体封装格式，能够将不同编码类型的视频、音频及字幕文件包含到一个文件中，可以看作一种视频容器。MKV 文件可以容纳多个音频、多个字幕文件，还可以包含多个章节、标签、附件等信息。很多高清电影采用 MKV 格式进行封装，给用户提供了更多的选择。

5.1.4　非线性编辑

数字视频编辑采用的是非线性编辑方法。视频以数字化形式存储在计算机系统中，可以通过非线性视频处理软件随机对视频进行存取、修改和处理。不同于传统的单一按照时间顺序进行的线性编辑，非线性编辑可以按各种非时间顺序排列，编辑过程灵活、快捷、简便。非线性编辑系统依托于计算机平台，包含视频卡、声卡、高速硬盘以及其他外围设备，另外，还需要非线性视频处理软件的支持。

非线性编辑的流程主要包括输入、编辑、输出三个步骤。

① 输入：输入是指将图像、音频、动画和视频存储到计算机中，使之成为数字视频非线性编辑可处理的素材的过程。输入设备有数码摄像机、音频合成器、麦克风等。

② 编辑：编辑是对输入的数字媒体素材进行剪辑、特效制作、字幕制作以及配音等操作过程。其中，剪辑是指设置素材的入点与出点，选择最合适的部分，按时间顺序组接不同素材的过程。具体的操作包括素材预览、裁剪、复制、粘贴、删除、镜头组接等。特效制作是指给素材添加音效或动态效果，如转场、合成叠加等，以增强视频的吸引力。字幕制作是指给视频画面添加标题、片头和片尾字幕，以及为视频中的语音配字幕等，以增加观众对视频的理解。配音包括配置背景音乐或旁白解说，是数字视频编辑的重要组成部分。

③ 输出：输出是指将编辑完成后的视频，渲染导出为可以播放的视频文件。输出可以选择多种视频格式，取决于视频的应用环境。

5.2 视频采集

视频采集是获取数字视频原始素材的过程。视频素材来源包括屏幕录制、数码摄像以及遵守版权要求的网络下载等。

5.2.1 屏幕录制

捕获动态的屏幕图像，即屏幕录制，是数字媒体制作过程中常见的视频素材采集方式，尤其在制作视频课件或电子教程时使用广泛。能够实现屏幕录制的软件工具很多，例如，Camtasia Studio、SnagIt、Captivate、EV 录屏等都是非常优秀的屏幕录制软件。本节将以EV 录屏为例，介绍屏幕录制的基本思路和方法。

EV 录屏是湖南一唯科技公司开发的用于抓取屏幕视频的软件。EV 录屏适用于屏幕录制、直播、分屏录制等场景，视频参数可根据实际需求自定义，画质可以自控，输出格式包括 MP4、FLV、WMV、AVI 等常见视频格式，是一款录制屏幕视频的优秀工具。其在教学科研、企业商用等领域应用广泛。EV 录屏的工作界面如图 5-1 所示。

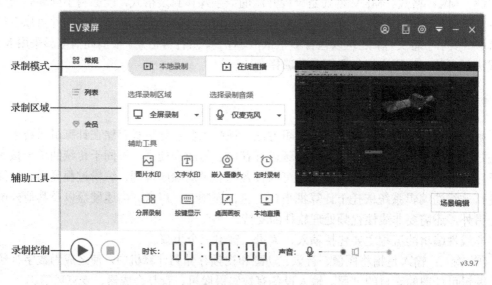

图 5-1　EV 录屏的工作界面

1. 录制模式

首先，根据需要选择一种录制模式：本地录制或在线直播。

（1）本地录制

本地录制是指将录制的屏幕视频文件保存在当前计算机内。执行本地录制之前需要设置基本的录屏参数，如视频帧率、音频码率、画质级别等。单击标题栏上的◎图标，打开参数设置面板，在左侧选择"录屏设置"选项页，如图 5-2 所示。主要的参数内容如下。

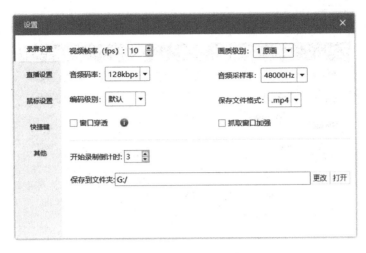

图 5-2　本地录制的参数设置

① 视频帧率：每秒录屏采集的画面数量。其数值越大，每秒采集到的画面数量越多，且视频播放效果越流畅，但是计算机系统资源消耗也越大。因此要根据实际需求设置此参数，如果录制的是 PPT 内容，可以设置为 7～10fps；如果要录制影视节目或游戏，可以设置为 20～30fps。

② 画质级别：画面的清晰度。画面越清晰，计算机系统资源消耗越大。有 6 个画质级别，即原画、超清、高清、清晰、普清和一般。从原画到一般，清晰度依次降低，文件体积也相应减小。

③ 音频码率：单位时间内音频的数据流量，音频码率越大，音质越好。

④ 音频采样率：单位时间内音频数据的采样频率，音频采样率越大，音质越好。

⑤ 编码级别：有一般、默认和精细三种。编码级别越精细则压缩比越小，表示一帧画面的数据量越大，画质越好，但是需要占用更多的存储空间和计算资源。

⑥ 保存文件格式：录屏文件的保存格式，包含 MP4、FLV、WMV、AVI 这 4 种视频格式，也可以将录制的音频保存为 MP3 格式。

⑦ 窗口穿透：勾选后，录屏时 EV 录屏的窗口不会被录制进去。

⑧ 抓取窗口加强：勾选后，增强录屏窗口抓取的稳定性，以免长时间录屏时丢失窗口或出现黑屏。

（2）在线直播

在线直播是指将录制的屏幕视频通过网络平台实况分享。执行在线直播之前也需要设置基本的录屏参数。单击标题栏上的图标，打开参数设置面板，在左侧选择"直播设置"选项页，如图 5-3 所示。主要的参数内容如下。

① 串流地址：需要提前从直播平台获取。每次直播都要重新获取新的串流地址。

② 关键帧间距：在线播放时，两个关键帧之间的时间间隔。其数值越大，画质越差，占用的带宽越低，但能够减少延时。通常可与视频帧率设置相同，或者为视频帧率的 2 倍。

③ 视频码率：每秒在线传输的数据量。其数值越大，画面越清晰，但是画面有可能出现卡顿。

视频帧率、音频码率及音频采样率与"录屏设置"标签中的含义相同。

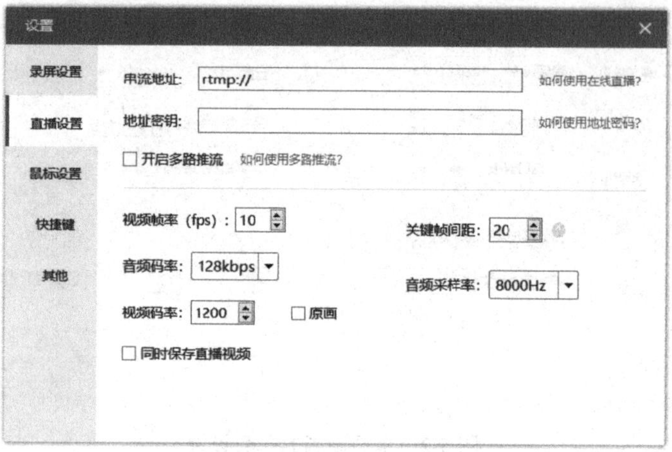

图 5-3　在线直播的参数设置

2.　录制区域

录制区域包含 4 个选项:"全屏录制"将整个屏幕作为录制范围;"选区录制"需要手动调整录制选框的大小和位置;"只录摄像头"需要检测并选择当前计算机中的摄像头设备,并设置录制画面的尺寸,如 1920×1080 像素;"不录视频"则以音频为录制对象。

录制音频包含 4 个选项:"仅麦克风"将从麦克风输入的音频作为录音对象,不录制系统由声卡播放的各种声音;"仅系统声音"将系统由声卡播放的声音作为录音对象,从麦克风输入的音频;"麦和系统声音"将麦克风输入的音频及系统声卡播放的声音一起作为录制对象;"不录音"表示关闭音频录制。

3.　辅助工具

EV 录屏通过辅助工具可以实现添加水印、嵌入摄像头、定时录制、分屏录制多源视频和桌面画板等功能。

(1)添加图片水印。选择"图片水印",弹出"图片水印"对话框,如图 5-4 所示,单击"添加"按钮,选择一张用于水印的图片,单击"确定"按钮,图片将被添加到屏幕录制的场景中。可以用鼠标移动和缩放水印图片。

(2)添加文字水印。选择"文字水印",弹出"文字水印"对话框,在"水印内容"框中输入一段文字内容,单击"添加"按钮,如图 5-5 所示。可以修改文本的字体和颜色。

(3)嵌入摄像头。选择"嵌入摄像头",弹出"摄像头"对话框,在其中选择本机的摄像头型号和录制分辨率,单击"添加"按钮,则在对话框下方将显示摄像头列表,如图 5-6 所示。单击"确定"按钮,将摄像头录制的画面显示在屏幕录制的场景中。

(4)定时录制。选择"定时录制",弹出"定时录制"对话框,在其中设置开始时间和录制时长,然后勾选"开启"复选框,启动定时录制功能,如图 5-7 所示。也可以使用固定录制时长。

图 5-4　添加图片水印　　　　　　　　　　图 5-5　添加文字水印

图 5-6　添加摄像头　　　　　　　　　　图 5-7　启动定时录制

（5）分屏录制。选择"分屏录制"，进入分屏录制界面。根据需要可选择"PPT 教学"标签或者"双摄实拍"标签。以"PPT 教学"为例：① 可以添加录屏的背景图；② 将录制区域设置为屏幕上的 PPT 讲稿范围，可以调整大小和位置；③ 嵌入摄像头，设置好分辨率，可以调整摄像头画面的大小和位置以及摄像头水平和垂直镜像；④ 可以添加图片用于展示课程大纲等，也可以在场景中调整图片的大小和位置；⑤ 可以添加文字用于在场景中做专门的文字说明或提示。选择"双摄实拍"标签，可以选择添加两个摄像头，实现双机位录屏。

（6）按键显示。录制教程类视频时，可能需要将键盘操作的按键以及鼠标运动轨迹展示在视频中。这可以使用按键显示辅助工具，在弹出的"按键显示"对话框中勾选需要显示的键盘按键，如组合命令键、普通按键或鼠标操作，还可以设置这些按键名称的字体、大小、颜色等。

（7）桌面画板。桌面画板可以理解为现场板书。首先单击标题栏上的◎图标，打开参数设置面板，选择"快捷键"标签，设置画板功能的快捷键，如 Ctrl+P 组合键。此后，在录屏的过程中随时可以通过快捷键开启桌面画板功能，可以选取画图工具箱的工具按钮进行手写或各种标注。

5.2.2　数码摄像

数码摄像机、手机、平板电脑等移动设备都能够录制视频，并存储为数字信号。数码摄像机根据不同用途可以分为专业广播级和家用级两种类型。专业广播级数码摄像机主要用于广播电视领域以及专业电视领域，具有较高的清晰度和图像质量，性能非常全面，但是体积比较大，价格也相对较高。家用级数码摄像机、手机或平板电脑等主要用于图像质量要求不高的非专业场合，其体积小，重量轻，便于携带，价格适中。

1. 拍摄的基本手法

拍摄的基本手法包括推、拉、摇、移、跟、升降等。如果在摄像过程中能够灵活熟练地运用这几种基本手法，就可以拍摄出优美的画面。但是无论采用何种手法，都需要考虑视频画面的构图和用光。

① 推和拉："推"可以拍摄出"远景—中景—近景—特写"的画面效果，用于表达对细节的关注。"拉"可以拍摄出"特写—近景—中景—远景"的画面效果，与"推"相反，"拉"主要表现主体所在的环境。

② 摇：是指摄像机的机位不动，以摄像机的底座位置为支点，摇动镜头方向的拍摄手法。摇镜头的主要目的在于表现两个拍摄对象之间的空间关系。摇镜头要注意平稳、均匀、起落准确。

③ 移：是指横向移动摄像机的位置，主要用于表现运动的真实感。移动拍摄需要平稳，可以使用移动轨或有轮子的摄像车。

④ 跟："跟"与"移"类似，也是在运动过程中拍摄。区别在于，"跟"要让摄像机与被拍摄的运动物体保持一个基本不变的距离，而"移"则改变了与被摄物体之间的距离。

⑤ 升降：是指纵向移动摄像机的位置，用于表现地理位置和环境。

2. 拍摄的基本要求

拍摄的基本要求主要包括平、稳、匀、准。

① 平：是指拍摄画面中的地平线要保持水平。

② 稳：是指移动摄像机时要保证画面稳定，避免摇晃。

③ 匀：是指移动摄像机时的速度要均匀，使得画面变化保持匀速，避免忽快忽慢。

④ 准：是指起幅和落幅的画面要准确，避免摇过头或者推拉时丢失主体。

3. 拍摄位置与拍摄角度

拍摄位置与拍摄角度对于视频效果是相当重要的。通常，采用正面、侧面、平行、仰视、俯视拍摄等手段。

① 正面：完全正对着被摄对象进行拍摄，表现被拍摄对象的正面特征，表达正式庄重和细节内容，但空间感差。

② 侧面：在与被摄对象正面成一定角度的方向进行拍摄，包括正侧面拍摄与斜侧面拍摄，能够表现对象的侧面特征，同时表现纵深的空间感和立体感。

③ 平行：与被摄对象在同一水平线上进行拍摄，表现真实感。

④ 仰视：低于被摄对象向上进行拍摄，突出表现视平线以上的景物，表达高大的形象。

⑤ 俯视：高于被摄对象向下进行拍摄，表现拍摄对象的位置和空间环境。

此外，拍摄距离也需要进行控制：远景一般着眼大处，突出环境和气势；中景用于表现情节；近景用于表现细节和特征。

4. 拍摄用光

摄像艺术从某种意义上说是光线艺术，拍摄的用光技术非常重要。拍摄的用光主要分为顺光、侧光、逆光、顶光和脚光，如图 5-8 所示。

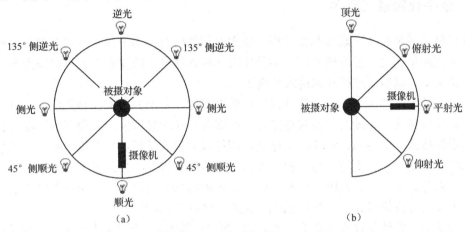

图 5-8　摄像用光方式

① 顺光：是指拍摄方向与光线方向一致，易于表达真实的景物。

② 侧光：是指拍摄方向与光线方向成 45°～135° 角，侧光拍摄的景物具有很强的立体感和层次感。

③ 逆光：是指拍摄方向与光线方向相反，易于表达具有明暗反差的轮廓效果。

④ 顶光：顶光是来自被摄对象上方的光线，用于强调上部轮廓。

⑤ 脚光：脚光是来自被摄对象下方的光线，如仰射光，用于渲染和光线补偿。

5. 镜头的组接原则

组接镜头需要依据一个明确的主题，按照一定的次序，并遵循一定的规律。镜头组接必须为最终的作品质量服务，例如，保证组接后的镜头逻辑连贯、有节奏、含义完整。

（1）组接素材符合主题。主题是视频作品的核心和灵魂，镜头的选择与组接需要以主题为核心，为主题服务。组接后的情节内容要保证主题意义明确和完整。

（2）情节逻辑符合规律。事件发展是有规律的，由镜头组接形成的情节推进要符合事件发展的常规认知和逻辑规律。由于非线性编辑可以任意选择和组接镜头，容易偏离时间和空间逻辑，因此镜头组接一定要紧扣情节主线。

（3）场景变换符合情绪。场景变换要符合观察事物的习惯及观众的心理预期，在组接镜头的时候，远景、近景、中景、全景、特写等变换要顺畅，如采用前进式、后退式、环形式、穿插式等。其中前进式是由远及近，如"远景—全景—中景—近景—特写"；后退式刚好相反；环形式是前进式与后退式切换使用，如首先"远景—全景—中景—近景—特写"，然后"特写—近景—中景—全景—远景"。这些都适合表现连续的情绪变化。穿插式是采用远近交替的方式，往往用于表达复杂纷乱的情绪和情节。

（4）镜头时长符合节奏。节奏是组接镜头画面形成的叙事速度和情节变化。给定每个镜头的时间长度要符合事件发展的节奏，这与情节有关。通常，一个镜头时间为5～8秒，如果在同一个场景下，远景和近景、明亮与昏暗、动态与静态等互斥表现的总体镜头时长应尽量稳定，若一个镜头时间长则另一个可稍短。

5.2.3 数字视频格式转换

视频格式转换是数字媒体制作过程中经常遇到的问题。由于视频格式众多，各种软件所支持的视频格式也可能有所不同，如果使用一种软件制作的视频内容不能作为素材导入后续媒体工具，就需要进行视频格式转换操作。

根据不同的视频编码标准，各种视频压缩格式可以归纳为本地视频格式、网络视频格式和移动视频格式。本地视频格式是指适合存储在本地计算机中，并利用本地播放器进行播放的视频格式，如 AVI、MPEG 等格式。网络视频格式是指适合在线播放的视频格式，也称为流媒体格式，其支持一边下载一边播放，不需要将全部视频下载到本地，经过短暂缓冲就可以开始观看，如 MP4、ASF、WMV、RM/RMVB 等格式。移动视频格式是指移动数字媒体设备支持的格式，主要有 MP4、3GP、AMV 等格式。

不同的数字媒体软件或设备支持的格式、视频可能不同，如支持的分辨率、帧速率（帧率）或码率不同。在进行视频格式转换前，需要首先了解数字媒体软件或设备实际支持的格式、参数，然后选择一款质量较高的视频格式转换工具进行转换操作。

视频格式转换是一种有损操作，源视频的质量是视频转换质量的基石。在没有特殊需求的情况下，转换的基本原则是，目标视频的分辨率、帧速率、码率等参数值不要超过源视频的，转换时应尽可能降低视频质量损失。

视频转换工具种类繁多，根据功能可分为两大类：专用转换工具和综合转换工具。专用转换工具主要针对某种视频格式进行转换操作，可以将一种视频格式转为多种其他视频格式。专用转换工具对于某种视频格式往往具有非常优秀的转换能力，能够获得最佳的转换质量，而且软件本身操作便捷、参数功能强大。综合转换工具能够支持多种视频格式之间的相互转换，基本可以转换所有的视频格式。此类工具应用范围广，具有很强的适应性，例如，格式工厂。有些综合转换工具本身能够支持的视频格式有限，需要调用外置解码器读取源视频。互联网上有很多解码器提供下载。安装之后，视频转换工具就能够导入相关视频格式的文件进行转换了，计算机也能播放相应格式的视频文件。

无论选择专用转换工具还是综合转换工具，想要得到最佳的转换效果，必须首先了解视频的应用环境及其最佳视频格式、最佳帧速率、最高码率等参数。

【例5-1】 使用格式工厂，将 WMV 格式的视频文件转换为 MP4 格式。

1）启动格式工厂，在主界面中单击"视频"选项卡，如图5-9所示。

2）单击"MP4"按钮，弹出如图5-10所示的窗口。

3）单击"添加文件"按钮，导入一段 WMV 格式的视频文件。

4）单击"输出配置"按钮，进入如图 5-11 所示的"视频设置"对话框。可以在"视频"选项卡中设置转换参数，主要参数包括屏幕大小、码率、每秒帧数（帧速率）以及宽高比，也可以采用系统默认设置，单击"确定"按钮，返回添加任务对话框。

图 5-9　"视频"选项卡

图 5-10　MP4 转换设置窗口

图 5-11　"视频设置"对话框

5）单击"确定"按钮，返回主界面，任务信息如图 5-12 所示。单击工具栏中的"开始"按钮执行转换操作。

6）转换操作完成后，单击工具栏中的"输出文件夹"按钮打开目标文件夹，可以查看转换后的 MP4 格式的视频文件。

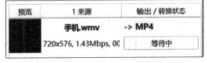

图 5-12　任务信息

5.3 视频处理软件 Premiere

5.3.1 Premiere 简介

Premiere 是 Adobe 公司开发的非线性视频处理软件。该软件具有视频剪辑、加工和修改，以及视频、音频同步处理功能，并能对若干个视频进行叠加合成。Premiere 有较好的兼容性，可以与 Adobe 公司的其他数字媒体处理软件相互协作，如 Audition 音频处理软件、Photoshop 图像处理软件、After Effects 视频特效软件等，广泛用于广告和电视节目制作等领域。

Premiere 提供了采集、剪辑、调色、美化音频、字幕添加、输出等一整套数字视频制作流程。

5.3.2 Premiere 工作界面

Premiere 将很多编辑功能组合后放在一些操作窗口中。Premiere 的编辑工作界面主要包括标题栏、菜单栏、源面板、工具栏、项目面板、节目面板和时间线面板等。根据需要可以调整各个面板的位置，还可以对它们进行重新组合以方便对视频、音频素材进行引用、编辑等。Premiere 的编辑工作界面如图 5-13 所示。

图 5-13　Premiere 的编辑工作界面

（1）项目面板

项目面板用来输入和存储在时间线面板中编辑、合成的原始素材。在同一时刻只能打开一个 Premiere 项目。当前项目用到的全部素材都显示在项目面板中，它是一个素材文件的管理器。进行任何编辑操作之前，必须先将需要的素材导入其中，如图 5-14 所示。

（2）时间线面板

时间线面板是 Premiere 中最重要的面板，包括视频轨道和音频轨道。素材编辑工作都在时间线面板中完成。在时间线面板中，可以把素材按照不同的层进行放置，并以图标的方式显示每个素材在时间线上的位置、持续时间以及各个素材之间的关系，还可以设计转场、运动、透明度等效果，如图 5-15 所示。

图 5-14　项目面板

图 5-15　时间线面板

（3）源面板和节目面板

源面板一般与效果控件面板放在一组中，形成源/效果控件面板组。在源面板和节目面板中可以对素材进行精细调整。图 5-16 为源面板，用于播放和剪辑原始素材，用户将素材由项目面板拖放至该面板中即可进行编辑。图 5-17 为节目面板，可用于对整个项目进行编辑或预览。

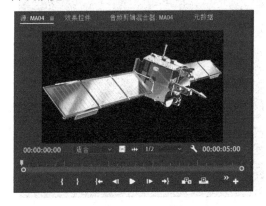

图 5-16　源面板

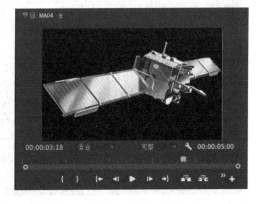

图 5-17　节目面板

（4）效果面板

效果面板为用户提供了很多特技效果，包含预设、音频效果、音频过渡、视频效果和视频过渡等，如图 5-18 所示。用户可以根据需要选取相应的特技效果，应用于不同的素材。

（5）历史记录面板

历史记录面板记录了用户曾经执行的操作，以便进行撤销操作，恢复到之前的状态，如图 5-19 所示。

图 5-18 效果面板

图 5-19 历史记录面板

（6）效果控件面板

效果控件面板用于设置素材的运动特效、不透明度和关键帧等，如图 5-20 所示。为某段素材添加了音频、视频或视频切换过渡效果后，就可以在效果控件面板中进行相应参数的设置和关键帧的添加。效果控件面板中显示的内容会随素材和特效的不同而变化。

（7）音轨混合器

音轨混合器主要用于处理音频素材，如图 5-21 所示。利用音轨混合器可以提高或降低音频的音量、混合音频轨道、调整各声道的音量平衡等。此外，音轨混合器还可以进行录音工作。

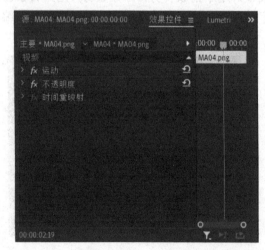

图 5-20 效果控件面板

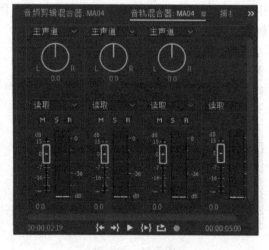

图 5-21 音轨混合器

5.3.3 素材管理

1. 新建项目

启动 Premiere，在主页中单击"新建项目"按钮，打开"新建项目"对话框，如图 5-22 所示。

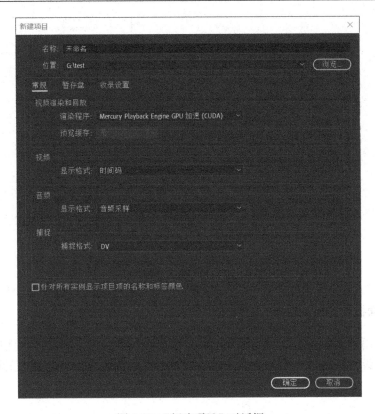

图 5-22　"新建项目"对话框

在"新建项目"对话框中，首先要确定项目的文件名和保存路径。在项目制作过程中，Premiere 会将产生的临时文件保存在当前路径下。

在"常规"选项卡中可以设置视频和音频的显示格式。视频显示格式有时间码、英尺+帧 16 毫米、英尺+帧 35 毫米、画框等选项，通常选择"时间码"，表示在时间线面板上显示的视频素材是按时间选择"时间码"的，则在时间线面板中以源媒体时间码 00:00:00:00（时:分:秒:帧）的格式作为时间单位的显示方式。音频显示格式有音频采样和毫秒等选项，用于设置音频素材在时间线面板中的时间单位的显示方式。捕捉格式可选 DV 或 HDV，取决于计算机连接的输入设备是 DV 还是 HDV。

单击"确定"按钮后，进入主界面，包括学习、组建、编辑、颜色、效果、音乐、图片、库等多种界面布局。选择"编辑"，则进入如图 5-13 所示的编辑工作界面。

2. 导入素材

在项目面板中右击，执行"导入"快捷菜单命令，或者执行"文件 | 导入"菜单命令，打开如图 5-23（a）所示的"导入"对话框。

从图 5-23（b）中可以看到，Premiere 支持多种素材格式，可以导入各种视频、音频素材。在项目面板中可以创建多个文件夹，用来把素材分类放置，方便用户查找、使用和管理。

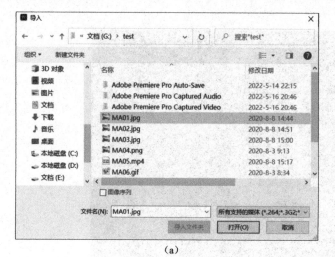

（a）   （b）

图 5-23 导入素材

3. 在源面板中选取素材

项目中使用的素材有可能只是导入的原始素材的一个片段，需要在源面板中对原始素材进行预览并设置标记，起始位置称为入点，结束位置称为出点。源面板工具功能说明如表 5-1 所示。

表 5-1 源面板工具功能说明

图　标	名　　称	功　　能
	添加标记	在源面板中添加的标记也会在时间线面板中显示，双击标记可以编辑其文本
	标记入点	标记要选用素材片段的起始位置
	标记出点	标记要选用素材片段的结束位置
	转到入点	跳转到入点处
	后退一帧	查看上一帧画面
	播放/停止	播放或停止播放素材
	前进一帧	查看下一帧画面
	转到出点	跳转到出点处
	插入	将选好的素材插到时间线的当前位置，当前点之后的素材向后移动
	覆盖	将选好的素材插到时间线的当前位置，当前点之后的素材被覆盖
	导出帧	从视频素材中导出一帧静态图像
	清除入点	删除入点标记
	清除出点	删除出点标记
	转到下个标记	跳转至下一个编辑过的时间点
	转到上个标记	跳转至上一个编辑过的时间点
	播放入点到出点	播放入点标记到出点标记之间的素材片段

4. 在时间线面板中编辑素材

在源面板和节目面板中对素材进行编辑后,可以插入时间线面板中进行组接,也可以直接将原始素材插入时间线面板中进行编辑。

(1) 时间线面板工具

时间线面板有一些常用的编辑工具,可对视频轨道及音频轨道中的素材进行编辑操作。时间线面板工具功能说明见表 5-2。

表 5-2　时间线面板工具功能说明

图 标	名 称	功 能
	选择工具	用于选择、移动和缩放素材
	轨道选择工具	用于同时选择该轨道中的所有素材
	波纹编辑工具	调节素材长度时,相邻素材的相对位置和长度不变
	剃刀工具	用于切分素材
	外滑工具	当前素材的入点和出点不变且节目总长不变,但可改变相邻素材的出点、入点
	钢笔工具	用于调节对象的关键帧和不透明度等
	手形工具	用于滚动时间线面板中的内容,以显示目前看不到的区域
	文字工具	用于在画面中添加文字

(2) 视频轨道

时间线面板中默认显示三个视频轨道和三个音频轨道。单击视频轨道前面的 按钮,可以锁定该轨道中的内容。 按钮用于控制当前视频轨道是否可见。右击视频轨道空白处,执行"添加轨道"快捷菜单命令,可以打开"添加视音轨"对话框,添加新视频轨道,并设置新视频轨道的位置;右击视频轨道空白处,执行"删除轨道"快捷菜单命令,可以删除指定轨道。

(3) 音频轨道

音频轨道和视频轨道前面的按钮稍有不同, 按钮用于设置音频轨道静音, 按钮用于设置仅播放当前音频轨道中的音频, 按钮用于在当前音频轨道中录制配音。

(4) 编辑素材

将选定的素材从项目面板中拖动到视频轨道或者音频轨道中进行编辑创作。

① 选择素材。方法是使用选择工具在轨道中单击素材。按住 Shift 键单击可以同时选择多个素材。使用选择工具可在时间线上移动素材。

② 删除素材。方法是选择要删除的素材,按 Delete 键。被删除素材在时间线上的位置变成空白区域,其后的素材留在原位不动。

③ 复制素材。方法是右击素材,执行"复制"快捷菜单命令。

④ 解除音、视频关联。如果一个素材中同时包含视频和音频,将它被拖放到时间线面板中后,视频部分和音频部分会被分别放置到对应的轨道中,它们的起始位置和长度都相同。如果需要单独处理视频部分或音频部分,则需要解除两者之间的关联。方法是右击素材,执行"取消链接"快捷菜单命令。

5.3.4 剪辑

在时间线面板中将时间线滑到需要的位置，使用剃刀工具在轨道中素材上时间线对应的位置处单击，则素材被切分为两段。被分开的两段素材彼此不再相关，可以对它们分别进行移动、复制、删除、特效等编辑操作。轨道中的素材被切分后，不会影响项目面板中原有的素材文件。

【例5-2】 制作中国传统节日端午节的视频剪辑。

注：视频素材来自摄图网。

1）打开 Premiere，新建项目，设置项目名称及存储路径。

2）执行"文件丨新建丨序列"菜单命令，选择序列预设"RED R3D/1080P/16×9 24"。

3）执行"文件丨导入"菜单命令，导入 MP4 视频文件 PA01、PA02、PA03 和 PA04，以及 WAV 音频文件 A01。

4）将 PA01、PA02、PA03、PA04 按顺序依次插入时间线面板视频轨道 V1 中，相应的音频部分则随之自动插入音频轨道 A1 中。

5）右击 PA01，执行"取消链接"快捷菜单命令，解除音、视频关联。对 PA02、PA03 和 PA04 执行相同操作。

6）选择轨道 A1 中的所有音频素材，按 Delete 键，删除这些内容。

7）在时间线面板中将时间线滑到 00:00:02:00 处，使用剃刀工具将 PA01 切分为两个素材，如图 5-24 所示。

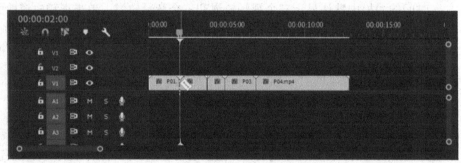

图 5-24　素材切分

8）使用选择工具选中 PA01 的第 2 段素材，执行"波纹删除"快捷菜单命令将其删除，只保留 PA01 前面 2 秒的视频。

9）在时间线面板中将时间线滑到 00:00:03:00 处，使用剃刀工具切分素材 PA02，并对切分的第 2 段素材执行波纹删除操作，只保留 PA02 前面 1 秒的视频。

10）同上操作，将 PA03 的时长剪辑为 1 秒。这样，轨道 V1 中的视频时长变为 10 秒。

11）将 A01 插入轨道 A1 中，将时间线滑到 00:00:10:00 处，使用剃刀工具切分 A01，将 10 秒之后的内容删除。

12）执行"文件丨保存"菜单命令。在节目面板中播放的端午视频剪辑截屏效果如图 5-25 所示。

图 5-25　端午视频剪辑截屏效果

5.3.5　过渡

在视频编辑过程中，常常需要应用画面切换或转场过渡功能，实现不同场景之间的自然变换。Premiere 提供了很多种预定义的视频过渡效果，如 3D 运动、内滑、划像、擦除、沉浸式视频、溶解、缩放、页面剥落等。

【例 5-3】　制作上海城市风景展片。

1）打开 Premiere，新建项目，设置项目名称及存储路径。

2）执行"编辑｜首选项｜时间轴"菜单命令，设置静止图像默认持续时间为 50 帧。如图 5-26 所示。

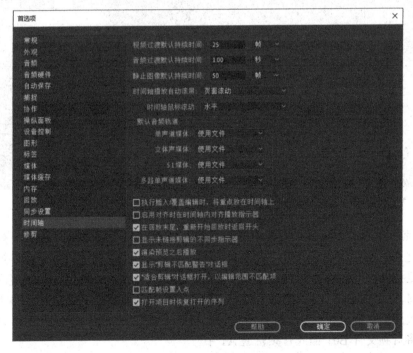

图 5-26　设置静止图像默认持续时间

3）执行"文件 | 新建 | 序列"菜单命令，选择序列预设"RED R3D/1080P/16×9 24"。

4）执行"文件 | 导入"菜单命令，导入 JPG 图像文件 1～10，以及 MP3 音频文件 B01。

5）在项目面板中将 10 个图像素材全部选中，拖入时间线面板视频轨道 V1 中。

6）使用选择工具调整时间线上 10 个图像素材的位置，使其按名称顺序依次排序。

7）打开效果面板，展开"视频过渡"，选择"3D 运动 | 立方体旋转"效果，将此效果拖入时间线面板中，放置在素材 1 和 2 之间。在 V1 轨道中双击此效果，可以设置效果的持续时间，将其修改为 00:00:01:00，即时长为 1 秒，如图 5-27 所示。

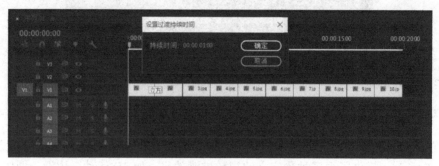

图 5-27　设置效果持续时间

8）打开效果控件面板，在"对齐"下拉列表中选择"中心切入"，如图 5-28 所示。

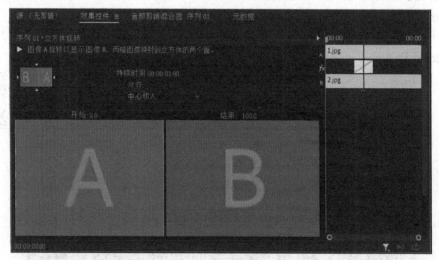

图 5-28　效果控件面板

9）参照如上操作，在效果面板中展开"视频过渡"，将"3D 运动 | 翻转"效果插在素材 2 和 3 之间，将"内滑 | 内滑"效果插在素材 3 和 4 之间，将"内滑 | 推"效果插在素材 4 和 5 之间，将"划像 | 圆划像"效果插在素材 5 和 6 之间，将"划像 | 菱形划像"效果插在素材 6 和 7 之间，将"擦除 | 油漆飞溅"效果插在素材 7 和 8 之间，将"溶解 | 白场过渡"效果插在素材 8 和 9 之间，将"页面剥落 | 翻页"效果插在素材 9 和 10 之间。

10）将音频文件 B01 插入音频轨道 A1 中。

11）执行"文件 | 保存"菜单命令。在节目面板中播放视频，截屏效果如图 5-29 所示。

图 5-29　上海城市风景视频截屏效果

5.3.6　特效

Premiere 提供了多种视频特效方案，如变换、扭曲、风格化等，使得视频更加生动。

【例 5-4】　制作党建视频。

1）打开 Premiere，新建项目，设置项目名称及存储路径。

2）执行"文件｜新建｜序列"菜单命令，选择序列预设"RED R3D/1080P/16×9 24"。

3）执行"文件｜导入"菜单命令，导入 MP4 视频文件 1 和 2，以及 JPG 图像文件 3。

4）将素材 1、2、3 分别拖入时间线面板视频轨道 V1、V2、V3 中，起始位置均为 00:00:00:00。

5）右击 V1 轨道中的素材 1，执行"取消链接"快捷菜单命令，解除音、视频关联。然后删除音频轨道 A1 中的所有音频素材。

6）单击 V2 和 V3 轨道前面的眼睛图标，将两个轨道中的素材隐藏。

7）选择 V1 轨道中的素材 1，将时间线滑到 00:00:10:00 处，使用剃刀工具切分素材 1，将 10 秒之后的内容删除。

8）单击 V2 轨道前面的眼睛图标，显示 V2 轨道中的素材。

9）将时间线滑到 00:00:02:00 处，拖动素材 2 并使其起始位置对齐时间线。

10）打开效果面板，选择"视频效果｜键控｜颜色键"效果，将该效果拖放到素材 2 上，如图 5-30 所示。在效果控件面板中将出现"fx 颜色键"栏，设置主要颜色为黑色，颜色容差为 50，边缘细化为 5，如图 5-31 所示，实现素材 2 背景的去色效果。

11）单击 V3 轨道前面的眼睛图标，显示 V3 轨道中的素材。

12）将时间线滑到 00:00:05:00 处，拖动素材 3 并使其起始位置对齐时间线。

13）将时间线滑到 00:00:10:00 处，使用剃刀工具切分素材 3，并将 10 秒之后的内容删除。

14）将效果面板中的"视频效果｜键控｜颜色键"效果拖放到素材 3 上。在效果控件面板的"fx 颜色键"栏中，设置主要颜色为黑色，颜色容差为 8，边缘细化为 1，羽化边缘为 5.0，将素材 3 背景去色。

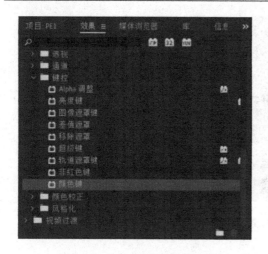

图 5-30 选择"颜色键"效果

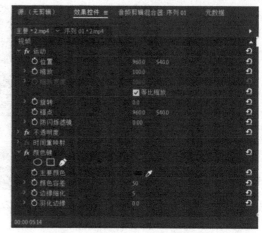

图 5-31 设置颜色键参数

15) 选择素材 3，在效果控件面板中展开"fx 运动｜缩放"，设置缩放比例为 70%，位置为(550,600)。

16) 将效果面板中的"视频过渡｜溶解｜白场过渡"效果拖放到素材 3 上。

17) 执行"文件｜保存"菜单命令。在节目面板中播放视频，截屏效果如图 5-32 所示。

图 5-32 党建视频截屏效果

5.3.7 关键帧

关键帧是 Premiere 中的重要概念，自定义视频特效需要通过关键帧设置实现。关键帧包含了视频特效的所有参数设置，将这些参数设置应用到时间线面板中的素材上，就能够实现控制视频特效的目的。

Premiere 可以对可叠加轨道中的素材应用视频特效，也可以对一个或多个素材应用一种或者多种视频特效，还可以对素材的某个部分应用视频特效。利用效果控件面板进行关键帧设置，可以实现素材的位置、大小和亮暗变化等。

【例 5-5】制作四季风景关键帧视频。

1) 打开 Premiere，新建项目，设置项目名称及存储路径。

2）执行"编辑 | 首选项 | 时间轴"菜单命令，设置静止图像默认持续时间为 125 帧。

3）执行"文件 | 新建 | 序列"菜单命令，选择序列预设"RED R3D/1080P/16×9 24"。

4）执行"文件 | 导入"菜单命令，导入 JPG 图像文件 1～4。

5）从项目面板中将素材 1 拖入时间线面板 V1 轨道中。

6）将时间线滑到 00:00:00:10 处，选择 V1 轨道中的素材 1。打开效果控件面板，展开"*fx* 运动"，单击"位置"前的"切换动画"图标，激活位置关键帧设置，在第 10 帧处插入关键帧，如图 5-33 所示。

图 5-33　激活关键帧

7）将时间线滑到 00:00:00:00 处，添加位置关键帧，设置位置为(2400,540)。

8）将素材 2、3 和 4 分别拖入时间线面板 V2、V3 和 V4 轨道中，起始时间均为 00:00:00:00。

9）选择 V1 轨道中的素材 1，在效果控件面板中，右击"*fx* 运动"，执行"复制"快捷菜单命令，如图 5-34 所示。

图 5-34　复制效果

10）选择 V2 轨道中的素材 2，在效果控件面板中，右击"*fx* 运动"，执行"粘贴"快捷菜单命令，将素材 1 的运动效果粘贴给 V2 轨道中的素材 2，如图 5-35 所示。

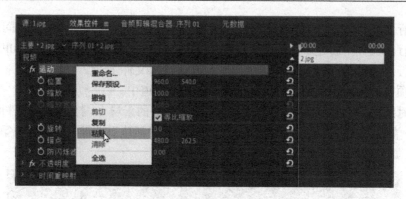

图 5-35　粘贴效果

11）将素材 1 的运动效果分别复制给 V3 轨道中的素材 3 和 V4 轨道中的素材 4。

12）将时间线滑到 00:00:00:10 处，移动 V2 轨道中的素材 2 到时间线位置；将时间线滑到 00:00:00:20 处，移动 V3 轨道中的素材 3 到时间线位置；将时间线滑到 00:00:01:05 处，移动 V4 轨道中的素材 4 到时间线位置。轨道中的素材布局如图 5-36 所示。

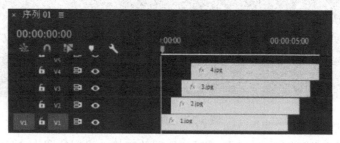

图 5-36　轨道中的素材布局

13）选择素材 1，将时间线滑到 00:00:02:00 处，添加位置和旋转关键帧。

14）将时间线滑到 00:00:02:10 处，添加位置和旋转关键帧，设置位置为(480,280)，旋转为 360°。

15）选择素材 2，将时间线滑到 00:00:02:00 处，添加位置和旋转关键帧。

16）将时间线滑到 00:00:02:10 处，添加位置和旋转关键帧，设置位置为(1440,280)，旋转为-360°。

17）选择素材 3，将时间线滑到 00:00:02:00 处，添加位置和旋转关键帧。

18）将时间线滑到 00:00:02:10 处，添加位置和旋转关键帧，设置位置为(480,800)，旋转为 360°。

19）选择素材 4，将时间线滑到 00:00:02:00 处，添加位置和旋转关键帧。

20）将时间线滑到 00:00:02:10 处，添加位置和旋转关键帧，设置位置为(1440,800)，旋转为-360°。

21）将时间线滑到 00:00:05:00 处，使用剃刀工具将 V1、V2、V3 和 V4 轨道中第 5 秒之后的素材切分开，然后删除。

22）执行"文件｜保存"菜单命令。在节目面板中播放视频，截屏效果如图 5-37 所示。

图 5-37　四季风景视频截屏效果

5.3.8　字幕

字幕是影视节目中的重要元素，字幕与画面的结合能够表达出更丰富的含义。字幕分为标题字幕、画面字幕和滚动字幕等不同类型。Premiere 提供了专门的字幕制作工具，称为字幕设计器，可以快速便捷地完成各种类型字幕的制作。

【例 5-6】　制作卫星导航视频。

【本例题来源于上海市高等学校信息技术水平考试 2020 年试题】

1）打开 Premiere，新建项目，设置项目名称及存储路径。

2）执行"文件 | 新建 | 序列"菜单命令，选择序列预设"DV-PAL/标准 32kHz"。

3）执行"文件 | 导入"菜单命令，导入 MA01.jpg、MA02.jpg、MA03.jpg、MA04.png、MA05.wmv、MA06.gif。

4）在项目面板中拖动 MA01 插到时间线面板 V1 轨道时间起始处，右击，执行"速度 | 持续时间"快捷菜单命令，设置该素材的持续时间为 3 秒。

5）将 MA02 插到 V1 轨道的 00:00:03:00 处，设置持续时间为 3 秒。

6）将 MA03 插到 V1 轨道的 00:00:06:00 处，设置持续时间为 3 秒。

7）将 MA04 插到 V2 轨道的 00:00:03:00 处，设置持续时间为 6 秒。

8）将 MA05 插到 V1 轨道的 00:00:09:00 处。

9）将 MA06 插到 V2 轨道的 00:00:09:00 处，在效果控件面板中设置位置为(185,318)。

10）选择 MA01，打开效果控件面板，单击"缩放"前的"切换动画"图标，激活关键帧设置。在 00:00:00:00 处添加缩放关键帧，缩放为 100；在 00:00:02:24 处添加缩放关键帧，缩放为 300。

11）选择 MA02，在 00:00:03:00 处添加缩放关键帧，缩放为 100；在 00:00:05:24 处添加缩放关键帧，缩放为 150。

12）选择 MA03，在 00:00:06:00 处添加缩放关键帧，缩放为 100；在 00:00:08:24 处添加缩放关键帧，缩放为 120。

13）选择 MA04，在 00:00:03:00 处添加位置和缩放关键帧，位置为(0,288)，缩放为 70。

在 00:00:06:00 处添加位置和缩放关键帧，位置为(360,288)，缩放为 85。在 00:00:08:24 处添加位置和缩放关键帧，位置为(700,288)，缩放为 100。

14）打开效果面板，选择"视频过渡丨划像丨菱形划像"，将其拖动到 MA01 素材尾部。

15）执行"文件丨新建丨旧版标题"菜单命令，弹出字幕面板，如图 5-38 所示，在文本框中输入以下内容：

北斗卫星导航系统（以下简称北斗系统）是中国着眼于国家安全和经济社会发展需要，自主建设、独立运行的卫星导航系统。经过多年发展，北斗系统已成为面向全球用户提供全天候、全天时、高精度定位、导航与授时服务的重要新型基础设施。

16）单击字幕面板中的 ▦ 按钮，设置游走选项为"滚动"，字体为黑体，大小为 30pt，并适当调节行距。

17）在项目面板中将字幕插入 V3 轨道中，起始时间为 00:00:09:00，持续到全部视频结束。

18）执行"文件丨保存"菜单命令。在节目面板中播放视频，截屏效果如图 5-39 所示。

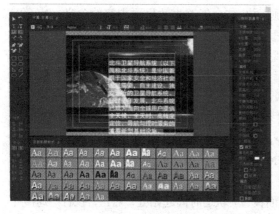
图 5-38　字幕面板

图 5-39　卫星导航视频截屏效果

5.4　视频特效软件 After Effects

5.4.1　After Effects 简介

1. 工作界面

After Effects 是 Adobe 公司推出的一款视频特效软件，可以高效、精确地创建动态图形和视觉效果。After Effects 2020 版的工作界面如图 5-40 所示。

（1）项目面板。项目面板用来组织、管理视频中所使用的素材，是连接外部素材与 After Effects（以下简称 AE）的重要通道。所有用于合成影像的素材都要先导入项目面板中。在项目面板中双击空白处或右击，执行"导入"快捷菜单命令，可以导入素材。

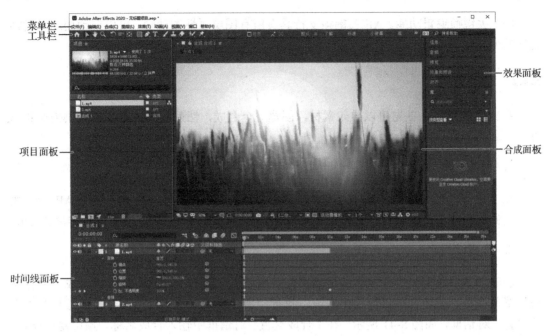

菜单栏
工具栏

项目面板

时间线面板

效果面板

合成面板

图 5-40　After Effects 2020 版的工作界面

（2）合成面板。合成面板用于对视频进行可视化编辑。对视频的所有修改效果都在该面板中显示。可以使用工具栏中的工具在合成面板中对视频直接进行编辑，还可以通过合成面板建立视频预览快照，以便于在编辑过程中进行对比编辑。

（3）时间线面板。时间线面板是 AE 的核心，大部分视频编辑工作都在这里完成，是进行素材组织的主要操作区域。添加不同的素材将产生多层效果，通过编辑素材的层顺序、设置关键帧、编辑素材的时间及特效等可完成动态效果的制作。

（4）效果面板。效果面板用于对时间线上的素材进行特效处理，其中包含动画预置、3D 通道、音频、模糊和锐化、通道、色彩校正、模拟仿真等多种特效，是进行视频编辑的重要部分。很多常见特效都可以利用特效和预置面板中的特效来完成。

工作界面上还有一些其他的面板，如预览面板、信息面板、库面板、音频面板、对齐和分布面板等，这些面板都默认停泊在面板组中，可以根据需要将它们拖动为浮动状态的面板，完成工作后将其关闭或重新停泊到面板组中。

2. 基本功能

（1）动态图形处理功能。AE 可以创建动态图形的视觉效果，能与其他 Adobe 软件结合使用。AE 包含数百种预设的效果和动画。

（2）路径功能。使用路径功能如同在纸上画草图一样，可以轻松地绘制动画路径。

（3）特技控制功能。AE 使用多达几百种的插件修饰图像效果和增强动画控制，可以同其他 Adobe 软件及三维软件结合使用。

（4）多层剪辑功能。AE 在导入 Photoshop 和 Illustrator 文件时，能够保留图层信息。AE 可以实现视频和静态画面的无缝合成。

（5）关键帧编辑功能。AE 关键帧支持具有所有图层属性的动画，可以自动处理关键帧之间的变化。

5.4.2　基本操作

新建 AE 项目，首先可以导入素材，创建一个合成，然后利用关键帧、效果控件和插件等，制作动态效果。

1. 创建项目

在 AE 中，影视合成任务称为项目。一个项目中可以包含多个合成。启动 AE 后，执行"文件｜新建｜新建项目"菜单命令可以创建一个新的项目，项目文件的扩展名为.aep。

2. 合成设置

创建项目后还不能进行视频的编辑操作，需要先创建一个合成，执行"合成｜新建合成"菜单命令，或者在项目面板中右击，执行"新建合成"快捷菜单命令，即可打开"合成设置"对话框，如图 5-41 所示。在"合成设置"对话框中输入合成名称，预设视频模式、宽度、高度、像素长宽比、帧速率、分辨率、时间长度，即可创建一个合成。

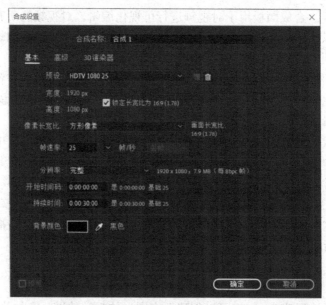

图 5-41　"合成设置"对话框

3. 导入素材

AE 可以导入多种格式的文件，如 AVI、MPEG、MA、WAV、PDF、PSD、PNG、JPEG、TIF、FLV 等，对于不同格式的文件，素材导入设置和方法也有所不同。

对于常用的动态图像素材、音频和不分层的静态图像素材，执行"文件｜导入｜文件"

菜单命令，打开"导入文件"对话框，选择要导入的文件，即可将文件导入。如果在"导入文件"对话框下方勾选"序列图片"，可以将图像以序列的形式导入，成为动态的视频效果。对于分层的静态图像素材，如 PSD 格式的图像素材，导入类型有素材和合成两种选择，可以选择导入某个图层中的素材或者导入所有图层的合并结果。

5.4.3　应用实例

1. 关键帧和不透明度

AE 项目制作的基本步骤包括新建项目、新建合成、导入素材、设置轨道、设置关键帧参数等。

【例 5-7】　制作秋日的麦田视频。

1）打开 AE，执行"文件 | 新建 | 项目"菜单命令，设置项目名称及存储路径。

2）执行"文件 | 导入"菜单命令，导入 MP4 视频文件 1 和 2。

3）执行"合成 | 新建合成"菜单命令，创建一个合成，预设选择 HDTV 1080 25。

4）将素材 1 拖放到时间线面板的图层 1 中，将素材 2 拖放到图层 2 中。

5）双击素材 1，则在合成面板组中出现图层 1 的剪辑面板，如图 5-42 所示。

图 5-42　图层 1 的剪辑面板

6）单击剪辑面板底部的预览时间框，弹出"转到时间"对话框，输入 00:00:00:00，如图 5-43 所示，单击"确定"按钮。单击入点图标█，将入点设置为上述预览时间 00:00:00:00；单击预览时间框，在"转到时间"对话框中输入 00:00:10:00。单击出点图标█，将出点设置为上述预览时间 00:00:10:00。关闭剪辑面板，则时间线面板图层 1 中的素材长度变为 10 秒。

7）在图层 1 的控制区域，展开"变换"，如图 5-44 所示，可以对变换效果进行设置。

8）将时间线滑到 00:00:00:00 处，在图层 1 控制区域展开"变换"，单击"不透明度"前的"切换动画"图标█，为图层 1 添加不透明度特效关键帧，设置不透明度为 100%。

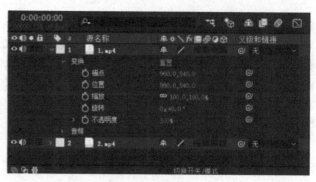

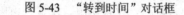

图 5-43　"转到时间"对话框　　　　　　　　　图 5-44　设置图层变换效果

9）将时间线滑到 00:00:10:00 处，为图层 1 添加不透明度特效关键帧，设置不透明度为 0。

10）执行"文件 | 保存"菜单命令。在合成面板中播放视频，截屏效果如图 5-45 所示。

图 5-45　秋日的麦田视频截屏效果

2. 图层模式

图层是 AE 素材处理的核心之一，类似于 Photoshop 中的图层。画面是一层层叠加起来的，上一个图层会覆盖下一个图层的内容。设置图层模式，使得上、下两个图层通过一定的交互计算，实现不同的效果混合。

【例 5-8】　城市的天空。

1）打开 AE，执行"文件 | 新建 | 项目"菜单命令，设置项目名称及存储路径。

2）执行"文件 | 导入"菜单命令，导入 MP4 视频文件 1~3 和 JPG 图像文件 4。

3）执行"合成 | 新建合成"菜单命令，创建一个合成，预设选择 HDTV 1080 25。

4）将素材 4 拖放到时间线面板图层 1 中，双击该素材，进入剪辑面板。

5）在剪辑面板中将素材 4 的入点设置为 00:00:00:00，出点设置为 00:00:10:00。关闭图层 1 剪辑面板，则时间线面板图层 1 中的素材被设置为 10 秒长度。

6）将素材 3 拖放到时间线面板图层 1 的上方成为一个新图层，新图层自动重新编号为图层 1，原图层 1 变为图层 2。

7）在图层 1 控制区域，展开"变换"，将"缩放"设置为 200。

8）双击图层 1 中的素材 3，进入剪辑面板，设置入点和出点之间的长度为 7 秒。关闭剪辑面板回到时间线面板，将图层 1 中的素材 3 的起始位置设置为 0:00:03:00。

9）将图层 1 的模式设置为"相加"，如图 5-46 所示。

图 5-46　设置图层模式

10）将素材 2 拖放到时间线面板图层 1 的上方，起始时间设置为 00:00:00:00，新图层自动重新编号为图层 1。展开图层 1 控制区域的"变换"，将"位置"设置为(250,700)，并将图层 1 的模式设置为"相加"。

11）将素材 1 拖放到时间线面板图层 1 的上方，起始时间设置为 00:00:00:00，新图层自动重新编号为图层 1。将图层 1 的模式设置为"叠加"。

12）执行"文件 | 保存"菜单命令。在合成面板中播放视频，截屏效果如图 5-47 所示。

图 5-47　城市的天空视频截屏效果

3. 文字特效功能

文字动画是一种常见的动画方式，很多视频中都需要展示文字内容。使用纯文字展示往往会显得单调，制作文字动画会更加生动。AE 中预设了多种文字特效，以便于开展生动的文字效果制作。

【例 5-9】书是人类进步的阶梯。

1）打开 AE，执行"文件 | 新建 | 项目"菜单命令，设置项目名称及存储路径。

2）执行"文件 | 导入"菜单命令，导入 MP4 视频文件 1 和 2。

3）执行"合成 | 新建合成"菜单命令，创建一个合成，预设选择 HDV/HDTV 720 25。

4）将素材 1 拖放到时间线面板图层 1 中，双击该素材，进入剪辑面板。

5）在剪辑面板中将素材 1 的入点设置为 00:00:00:00，出点设置为 00:00:03:00，将图层 1 中的素材设置为 3 秒长度。

6）执行"图层 | 新建 | 文本"菜单命令，创建一个文本图层。在合成面板中输入"书是人类进步的阶梯"。在工具栏中选择移动工具，将文字拖放到窗口右下角。打开字符面板，如图 5-48 所示，设置颜色为 R:100，G:180，B:180，字体为华文中宋、加粗。

7）在时间线面板中选择文字图层，将时间线滑到 00:00:11:00 处，使用 Ctrl+Shift+D 组合键将素材剪断，然后删除后半部分。

8）将素材 2 拖到时间线面板图层 3 中，将素材 2 的起始位置设置为 00:00:02:15。将时间线滑到 00:00:11:00 处，使用 Ctrl+Shift+D 组合键将素材 2 剪断，然后删除后半部分。

9）打开效果和预设面板，如图 5-49 所示，选择"动画预设 | Text/Blurs | 子弹头列车"效果，将该效果拖放到合成面板中的文字上。

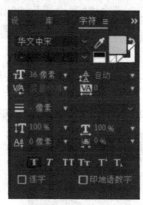

图 5-48 字符面板　　　　　图 5-49 效果和预设面板

10）展开文本图层控制区域的"变换"，找到并展开刚刚应用的动画效果"Bullet Train Animator"，展开"Range Selector 1"，在"偏移"行中，单击█按钮，转到下一个关键帧位置（00:00:00:13），单击█按钮，删除 00:00:00:13 处的关键帧。将时间线滑到 00:00:01:00 处，在"偏移"行中再次单击█按钮，在第 1 秒处新建关键帧，设置"偏移"为 100%。具体参数设置如图 5-50 所示。

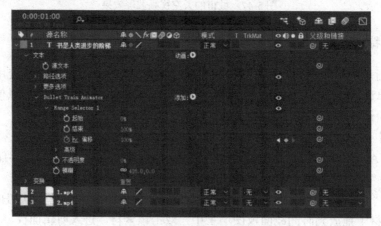

图 5-50 参数设置

11）执行"文件 | 保存"菜单命令。在合成面板中播放视频，截屏效果如图 5-51 所示。

图 5-51　书是人类进步的阶梯视频截屏效果

习题 5

使用 Premiere 视频制作软件，根据题目要求并参照"样张 A.mp4"的效果制作视频。
【上海市高等学校信息技术水平考试 2021 年试题】

要求：

（1）新建项目

新建视频项目 PrA（DV-PAL/标准 48kHz）。导入素材 MA01.jpg、MA02.mp4、MA03.jpg、MA04.png、MA05.jpg、MA06.jpg、MA07.jpg、MA08.jpg、MA09.png、MA10.png。

（2）素材剪辑与时间线初步设计

① 将 MA01 插到视频轨道 1 时间起始处，持续时间为 3 秒；

② 将 MA02 插到视频轨道 1，0 时 0 分 3 秒 0 帧中，持续时间为 6 秒 10 帧；

③ 将 MA03 插到视频轨道 1，0 时 0 分 9 秒 10 帧中，持续时间为 1 秒 15 帧；

④ 将 MA04 插到视频轨道 2，0 时 0 分 1 秒 0 帧中，持续时间为 4 秒；

⑤ 将 MA05 插到视频轨道 2，0 时 0 分 5 秒 0 帧中，持续时间为 1 秒；

⑥ 将 MA06 插到视频轨道 2，0 时 0 分 6 秒 0 帧中，持续时间为 1 秒；

⑦ 将 MA07 插到视频轨道 2，0 时 0 分 7 秒 0 帧中，持续时间为 1 秒；

⑧ 将 MA08 插到视频轨道 2，0 时 0 分 8 秒 0 帧中，持续时间为 1 秒 10 帧；

⑨ 将 MA09 插到视频轨道 3，0 时 0 分 2 秒 0 帧中，持续时间为 3 秒，位置为(360,410)；

⑩ 将 MA10 插到视频轨道 4，0 时 0 分 0 秒 0 帧中，持续时间为 11 秒。

（3）设置关键帧动画

按下表设置关键帧。

素　材	第 1 个关键帧	第 2 个关键帧
MA04	0 时 0 分 1 秒 0 帧，位置(360,-100)	0 时 0 分 2 秒 0 帧，位置(360,288)
MA05	0 时 0 分 5 秒 0 帧，位置(1000,288)	0 时 0 分 6 秒 0 帧，位置(-200,288)

素　　材	第1个关键帧	第2个关键帧
MA06	0时0分6秒0帧，位置(1000,288)	0时0分7秒0帧，位置(-200,288)
MA07	0时0分7秒0帧，位置(1000,288)	0时0分8秒0帧，位置(-200,288)
MA08	0时0分8秒0帧，缩放比例0	0时0分9秒0帧，缩放比例200

（4）字幕制作

新建静态字幕，文字内容见素材"MA11.txt"，字体为 SimHei，字体大小为 20pt，适当调节行距；将字幕插入视频轨道 2，起始时间为"0 时 0 分 9 秒 10 帧"，持续到视频结束。

（5）效果设置

① 对 MA01 设置淡入效果，起止时间为"0 时 0 分 0 秒 0 帧～0 时 0 分 1 秒 0 帧"；

② 对 MA02 首部设置视频切换（"3D 运动｜门"）；

③ 对 MA04 执行蓝屏键控，阈值设为 90%；

④ 对 MA09 首部设置视频切换（"叠化｜白场过渡"）；

⑤ 在 MA08 和字幕之间设置视频切换（"叠化｜白场过渡"）。

第6章

虚拟现实技术与应用

虚拟现实（Virtual Reality，VR）是 20 世纪 80 年代由杰伦·拉尼尔（Jaron Lanier）提出的一种综合性信息技术相关概念，其目标是用计算机系统模拟生成一个多维信息空间虚拟环境，让用户通过一些专门的传感设备沉浸、融入环境并与虚拟环境中的对象进行交互。虚拟现实技术融合了计算机图像处理、计算机图形学、计算机仿真、传感器、显示和网络等多种现代信息技术，力图创造一个生动、逼真的虚拟环境，使用户有身临其境之感，并能以恰当、自然的方式与虚拟环境交互，完成特定任务。虚拟现实技术有着广泛的应用领域和应用前景，并日趋成熟。随着软、硬件技术的不断突破，虚拟现实技术必将进入我们生活的方方面面，推动社会不断发展进步。

6.1 虚拟现实技术基础

6.1.1 虚拟现实的基本概念

虚拟现实技术又称灵境技术，其构造的虚拟环境无论在外观上还是在逻辑上都是对现实世界的一种模拟。用户对虚拟环境中对象的感知也与现实世界相一致。用户可以通过一些专门设备接入虚拟环境，并以某种自然的方式与其交互。虚拟现实技术应让用户在虚拟环境中进行体验活动时，感觉自己就是处于现实世界中，有"真实"的感觉。为让用户产生这种感觉，虚拟现实技术必须通过多种途径，如视觉、感觉或触觉，向用户大脑提供与其在真实环境下感知相一致的各种信息，使用户相信自己是在现实世界中执行任务。

虚拟现实技术是一种以人为本的技术，为人们使用计算机系统提供了一种友好、便捷的高级人机接口。按传统方式，人们需要花费大量的时间和精力学习如何使用计算机系统，要求人适应机器，而虚拟现实技术则最大限度地让机器适应人，由计算机系统创建和管理仿真的环境，与人能自然交互。这样，用户无须经过烦琐的学习、培训就可以使用计算机系统，轻松完成各种复杂任务。

从应用模式来看，虚拟现实技术可以对现实世界进行模拟或仿真，如建筑物、博物馆、飞机驾驶等，也可以模拟人眼无法直接看见的事物，如蛋白质的结构、病毒的感染过程，甚至创造虚幻的场景，如各种 3D 游戏等。总之，虚拟现实技术融合了多种先进的现代信息技术，存在着巨大的应用需求，是目前发展最为迅速的信息技术之一。

一般来说，虚拟现实技术具有以下特性。

1. 多感知性（Multi-Sensory）

多感知性是指除了一般计算机技术的视觉感知，还有听觉、力觉、触觉、味觉、嗅觉、运动等感知。理想状态下，虚拟现实技术应该能够模拟人体所有可能的感知功能，让人全方位获得体验现实世界所带来的感觉。目前来看，虚拟现实技术已经实现了视觉、听觉、力觉、触觉和运动感知，其他类型的感知还有待研究与完善。

2. 沉浸性（Immersion）

沉浸性也称临场感，是指让用户在计算机系统所创造的虚拟世界中，感觉自己置身于现实世界一样，身临其境。理想状态下，用户在虚拟环境下观察事物，无论是看起来、听起来，还是摸起来，甚至闻起来都很真实，难辨真假。虚拟现实系统沉浸性的获得，与虚拟现实接入设备直接相关。事实上，用户戴上头盔式显示器，将自己与现实世界隔离后，看到的是全彩色的景象，听到的是虚拟世界的声响，触觉感受的是反馈的作用力，并能以自然的方式与虚拟环境交互，很容易产生身临其境的体验与感觉。

3. 交互性（Interactivity）

在虚拟环境中，人们利用一些传感设备（如头盔式显示器、数据手套）与场景对象进行交互，感觉与在现实世界没什么两样。例如，当用户用手抓取虚拟环境中的物体时，手就有握东西的感觉，而且还可感觉到物体的重量、硬度甚至表面粗糙度。计算机系统通过捕捉用户的姿态、动作和发声等信息来调整虚拟场景，适应用户感受到的变化。

4. 构想性（Imagination）

构想性是指虚拟现实技术能帮助人们发挥想象力，构思、设计出理想中的场景，即便该场景在现实世界并不存在。例如，在建造一个建筑之前，可以使用虚拟现实技术在虚拟环境中对建筑的设计方案进行仿真，生动展现建筑的外观和内部结构，使设计者可以清楚地观察、调整其设计细节，完善设计方案。虚拟现实技术在某种程度上激发了人们的想象力，给想象添加了翅膀，因此常被称为"放大心灵"的工具。

从系统结构的角度来看，虚拟现实系统主要由专业图形处理计算机、应用软件系统、输入、输出设备和数据库构成，如图 6-1 所示。从功能的角度来看，虚拟现实系统由若干功能相对独立的子系统构成。这些系统主要包括：以高性能计算机为核心的虚拟环境处理系统，以头盔式显示器为核心的视觉系统，以语音识别、声音合成与声音定位为核心的听觉系统，以方位跟踪器、数据手套

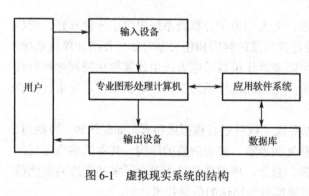

图 6-1　虚拟现实系统的结构

和数据衣服为主体的身体方位姿态跟踪系统，以及味觉、嗅觉、触觉与力觉反馈系统等。

6.1.2　虚拟现实技术的发展历程

虚拟现实技术是多种信息技术融合的产物，已被成功运用于军事、医疗、游戏、教育、工业等各个领域，有着广阔的应用前景。但虚拟现实技术并不是突然出现的，而是经过长期的探索、研究和发展才取得了今天的成就。虚拟现实技术的发展大致经历了三个阶段。

1. 虚拟现实技术的萌芽、探索阶段

虚拟现实技术追求的一个重要目标就是把实际存在或虚构的事物呈现在观众眼前，产生强烈的逼真感。早在 1788 年，荷兰画家罗伯特·巴克尔（Robert Barker）将爱丁堡城画成了一幅 360°全方位的画作，布置在一个直径 60 英尺（1 英尺=30.48cm）的圆形画室中，产生了较一般画作更强烈的逼真感。

1833 年，英国物理学家查尔斯·惠斯通（Charles Wheatstone）利用双眼视差法在两张手绘的草图上创造出了世界上第一组立体图像，随后他根据这种像差原理发明了立体镜，人们可以通过这一简单装置看到立体图像。

1900 年，美国人弗雷德里克·尤金·艾维斯（Frederick Eugene Ives）发明了模仿人眼原理的立体摄像机，开始了立体电影的探索。

随着 1941 年电视技术的出现，人们追求生动、逼真的画面与音响效果的需求日益强烈。1956 年，美国电影摄影师 Morton Heilig 发明了一套多通道体验的立体显示系统 Sensorama Simulator，让用户可以体验和欣赏预先录制好的画面、声音和气味，如图 6-2 所示。

1962 年，Morton Heilig 又发明了全传感仿真器并成功申请了专利。该发明蕴涵了虚拟现实技术的基本思想，是虚拟现实技术的雏形。该发明类似于 20 世纪 90 年代出现的头盔式显示器（Helmet Mounted Display，HMD）。

1965 年，计算机图形学的奠基人美国科学家伊万·萨瑟兰（Ivan Sutherland）博士在国际信息处理联合大会上提出了终极显示（Ultimate Display）的概念，展示了一种全新的、富有挑战性的图形显示技术。该技术绕开使用计算机屏幕观看计算机生成的虚拟世界的传统思路，通过其他方式使用户沉浸在虚拟场景中，即当用户转动头部或身体时，其所看到的场景也会随之变化，用户可以通过自己的多种感官以自然的方式去观察、接触虚拟世界并与其交互，感受虚拟世界的反馈，产生身临其境的感觉。

1968 年，萨瑟兰成功研制了第一个头盔式显示器，也称显示头盔，如图 6-3 所示。到 20 世纪 70 年代，萨瑟兰把模拟力量和触觉的力反馈装置加入系统中，研制出一个功能比较齐全的头盔式显示器，成为虚拟现实技术发展史上的一个重要的里程碑。

2. 虚拟现实技术的系统化阶段

20 世纪 80 年代，虚拟现实技术开始系统化，从实验室走向实用。杰伦·拉尼尔提出了虚拟现实的概念，试图提出一种比传统计算机模拟更好的系统化方法，实现虚拟环境的构造。

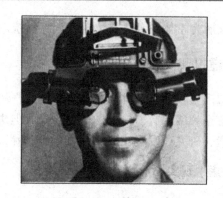

图 6-2　Sensorama 系统　　　　　　　图 6-3　头盔式显示器

1984 年，美国航天局（NASA）研究中心虚拟行星探测实验室开发了一种虚拟世界视觉显示器，使用计算机技术基于火星探测器发回的探测数据构造火星表面的虚拟世界，用于火星探索的研究。

1986 年，NASA 成功研制了第一套基于头盔式显示器和数据手套的虚拟现实系统，称为虚拟交互环境工作站（VIEW）。这是世界上第一个较完整的多用途、多感知虚拟现实系统。该系统在装备了数据手套和头部跟踪器后，通过语音、手势等交互方式，形成了虚拟现实系统。该系统使用了语音识别、目标跟踪、数据可视化、远程操作等诸多新技术。

20 世纪 90 年代，计算机图形图像、语音处理等技术以及输入、输出设备方面都有了长足的进步，工作站提供了强大的图形图像处理能力，为虚拟现实交互环境的构建提供了足够的技术条件。1992 年，大型洞穴（CAVE）式虚拟展示系统在国际图形会议上以独特的风貌展现在人们面前，标志着虚拟现实技术终于登上了高新技术舞台。1996 年，世界上第一个虚拟现实技术博览会开幕，全世界的人们通过互联网参观了这个没有场地、没有工作人员、没有真实展品的虚拟博览会。

3. 虚拟现实技术的高速发展阶段

随着虚拟现实技术的逐渐成熟，开始进入产业化阶段，其发展日新月异。与此同时，互联网、计算机图形图像、3D 建模等技术的进步极大地促进了虚拟现实的体验效果，特别是游戏、建筑、医疗等行业的巨大需求，推动虚拟现实技术实现商业化、平民化和普及化。

2012 年，从 Oculus Rift 众筹项目开始，虚拟现实技术进入了一个新的阶段。得益于显示器分辨率、显卡渲染效果和 3D 实时建模能力的提升，VR 设备开始向轻量化、便捷化方向发展。各大公司纷纷推出自己的 VR 产品，见表 6-1。

表 6-1 中列出的这些产品都支持 VR 功能，但各有特点，例如，Google Cardboard 着重体现与虚拟环境的交互功能，Oculus Rift 则试图营造与现实世界阻断的虚拟场景，而 HoloLens 则将虚拟环境和现实世界结合起来，实现互动。

2016 年是虚拟现实技术的爆发年，VR 产品大量涌现，预示着虚拟现实时代的来临。随着虚拟现实技术在硬件、软件、内容方面的全面发展，一个巨大的虚拟现实产业生态环境正在形成。近年来，国内企业在虚拟现实领域的研究、开发工作也取得了很大进步，如华为公司于 2019 年 12 月推出了的 HUAWEI VR Glass 产品，进入了 VR 设备供应市场。

表 6-1　一些公司研制的 VR 产品

公 司 名 称	产 品 名 称	产 品 类 型	产 品 特 点	发 布 时 间
Oculus Rift	Oculus Rift	VR 头显	沉浸式	2012 年
谷歌	Google Cardboard	VR 眼镜	沉浸式	2014 年
三星	Gear VR	VR 头显	沉浸式	2014 年
微软	HoloLens	全息眼镜	与现实结合	2015 年
HTC	HTC Vive	VR 头显	沉浸式	2015 年
苹果	View-Master	VR 头显	与现实结合	2016 年

元宇宙（Metaverse）是近年来出现的新概念，是指利用科技手段进行链接与创造的、与现实世界映射和交互的虚拟世界。元宇宙本质上是对现实世界的虚拟化和数字化，是一个具备新型社会体系的数字生活空间。但元宇宙的发展是循序渐进的，将在众多的共享基础设施、标准及协议的支撑下，由各种工具、平台不断融合、进化后最终形成。目前元宇宙构建技术包括支持沉浸式体验的增强现实技术、生成现实世界镜像的数字孪生技术、用于构建经济体系的区块链技术等。总之，元宇宙是虚拟现实技术发展的一个重要方向。

6.1.3　虚拟现实系统分类

虚拟现实系统也称为虚拟现实平台（VR-Platform 或 VRP），是指采用虚拟现实技术构建的、用于实现虚拟现实功能的计算机软件和硬件系统。依据交互性、沉浸感的程度以及体验环境范围大小，虚拟现实系统可分为桌面式虚拟现实系统、沉浸式虚拟现实系统、增强现实系统和分布式虚拟现实系统。

1. 桌面式虚拟现实系统

桌面式虚拟现实系统是指早期基于普通计算机或工作站实现的虚拟现实系统。这类系统使用中低端图形工作站及立体显示器等产生虚拟场景，用户则使用位置跟踪器、数据手套、力反馈器、3D 鼠标或其他手控输入设备来实现交互。

在桌面式虚拟现实系统中，通常采用立体显示器、立体投影或大屏幕来增强 3D 虚拟效果，缺乏沉浸式体验，但它的成本较低，常为虚拟现实初级研究、开发者所使用。

2. 沉浸式虚拟现实系统

沉浸式虚拟现实系统能为用户提供完全沉浸的体验。一般的做法是，使用头盔式显示器将用户的视觉、听觉封闭起来，产生迅即视觉。用户由于在视觉上与现实世界隔离，屏蔽了外界干扰，完全依赖系统的输入和输出设备，更能全身心地沉浸在虚拟环境中。

常见的沉浸式设备包括头盔式显示器、投影式系统和"遥在"系统等。其中，"遥在"

系统是指利用计算机、网络、3D 成像、全息等技术，把远处的现实环境移到近前，并对这种环境进行干预的系统。

3. 增强现实式虚拟现实系统

增强现实（Augmented Reality，AR）技术是一种将虚拟信息与现实世界相融合的显示技术。传统的虚拟现实技术追求把参与者与现实世界隔离开，希望用户尽可能地沉浸在虚拟环境中，注重沉浸感。而增强现实技术则将虚拟环境与现实世界进行匹配合成，将 3D 虚拟对象叠加到现实世界一起显示。增强现实技术通过现实世界与虚拟环境的合成以降低 3D 建模的工作量，借助真实场景及实物提高系统的可信度和体验感。增强现实技术可看作虚拟现实技术的一部分，为后者的实现增添了一种方法，有广泛的应用前景。

形象化来说，一般的虚拟现实技术是"实中有虚"，而增强现实技术则是"虚中有实"。后者将用户看到的真实环境与虚拟现实系统创建的虚拟对象融合在一起。如图 6-4 所示的 AR 应用中，用户用手机镜头拍摄街景，手机屏幕上在显示现实对象的同时，也显示了这些对象的标识。

图 6-4　增强现实示意图

4. 分布式虚拟现实系统

分布式虚拟现实系统是一种基于网络的虚拟环境，它允许多用户通过网络共享虚拟环境并进行实时交互，协同完成各种任务。分布式虚拟现实系统主要用于远程虚拟会议、虚拟医学会诊、多人网络游戏、虚拟战争演习等。与普通虚拟现实系统相比，分布式虚拟现实系统更加复杂，需要考虑多用户协同、即时通信等多种因素。

6.2　虚拟现实系统

如今，虚拟现实技术种类繁多的成果已经逐渐渗透到人们生活中的各个方面，成功地用于医疗、游戏、科研、教育、工业等领域，给用户带来了更好的体验。

6.2.1　虚拟现实系统硬件设备

为了更好地构建虚拟现实系统，人们研制开发了许多专门的硬件设备，其功能涵盖虚拟环境的生成、感知、跟踪以及人机交互等。正是有了这些特殊的设备，才能让用户体验虚拟现实的沉浸性、交互性和构想性。这些设备的主要作用就是采集各种信息传递给计算机系统，然后把系统处理后的信息及时反馈给参与者，实现动态交互。

研究表明，人的大脑每天主要通过 5 种感官接收外部信息，其比例大约是视觉 83%、味觉 1%、触觉 1.5%、嗅觉 3.5%及听觉 11%。虚拟现实系统硬件设备就是连通这些信息获取渠道的媒介，帮助实现人机系统的自然交互。下面介绍一些常用的虚拟现实硬件设备。

1.　立体显示设备

鉴于视觉是人类获得外部信息最重要的方式，要产生逼真场景效果，让用户沉浸其中，虚拟现实系统必须为视觉感官模拟现实的世界，构筑 3D 视觉环境。专业的立体显示设备无疑是实现这一功能的主角。

人类的两眼之间有约 6cm 的距离，横向平视时，两眼观察目标的角度略有差异，经神经中枢的融合反射及视觉心理反应，会在大脑中产生 3D 立体感。因此，立体显示设备主要分为两大类：一类是利用视差原理成像的立体显示设备，主要有固定式、头盔式和手持式三种，另外一类是全息投影立体显示设备。

（1）固定式立体显示设备

固定式立体显示设备一般被安装在一个固定位置上，不能移动或不必移动，如台式 VR 显示设备、投影式 VR 显示设备、3D 显示器等。

① 台式 VR 显示设备。其结构比较简单，一般采用标准的计算机显示器再配上立体眼镜。工作时，显示器以正常刷新频率的 2 倍交替显示左、右眼两幅视图，通过两视图的偏差形成立体效果。这种效果必须通过立体眼镜观看，裸眼观看会有重影的感觉。台式 VR 显示设备成本低，易受环境干扰，缺乏沉浸感，比较初级，但容易获得，在实验研究中广泛使用。

② 投影式 VR 显示设备。其分为墙式投影设备、响应工作台式投影设备和洞穴式投影设备三种。

墙式投影设备类似于电影放映设备，可多人共享虚拟环境，一般把场景投影到平面、柱面或球面大屏幕上，再配备多维感知交互设备，如多通道音响，手势识别器等，满足虚拟现实的视觉、听觉、触觉等多感知需求，构成完善的设计、协同、展示平台。

响应工作台式投影设备一般由投影仪、反射镜和显示屏组成。投影仪将 3D 图像投射到反射镜上，再由反射镜将图像反射到显示屏上。显示屏上显示虚拟对象和各种控制工具等 3D 图像，用户可以通过立体眼镜观看虚拟场景并通过各种交互设备对虚拟对象进行操控，例如，用笔拖动对象。这种方式适合于辅助教学、产品演示等。

洞穴式投影设备是指将投影显示屏包围成一个立体空间，由于屏幕几乎覆盖了参与者的全部视野，隔绝了外部世界，因而极易使人沉浸在虚拟场景中，有身临其境的感觉。再配上高仿真的立体视听音响，以及跟踪和交互设备，能产生极具震撼力的虚拟现实效果。

③ 3D 显示器。指在屏幕上直接显示 3D 虚拟影像的显示设备，用户无须佩戴立体眼镜等装置就可以观看到立体影像。这是建立在人眼立体视觉机制上的新一代自由立体显示设备，它不需要助视设备就可获得具有较完整深度信息的图像。这种技术已经成为现代显示技术研究和发展的方向之一。

（2）头盔式立体显示设备

头盔式立体显示设备（以下简称头显）是构成沉浸式虚拟现实系统最重要的硬件设备。它通常被佩戴在用户头上，用内置跟踪器捕捉用户头部运动，由计算机根据跟踪器传来的数据控制头显内部的两个显示器，分别显示场景图像，利用图像之间的差异在用户大脑中产生 3D 立体效果。

头显可分为外接式、一体式和移动端三种。外接式头显使用主机准备显示内容。一体式头显则将内容平台与显示设备融合在一起，便于携带。移动端头显借用手机这一常见的外部设备生成内容，传递给头显，让用户眼睛在一个封闭空间里进行虚拟视觉体验，如图 6-5 所示。

（3）手持式立体显示设备

手持式立体显示设备的屏幕通常比较小，只能展示小画面的 3D 视频或动画。目前，常见的设备有智能手机、平板电脑等。通常，它结合跟踪定位技术实现立体图像的显示与交互，把现实世界的视图与虚拟视图结合起来，构成增强现实的 VR 系统。

（4）全息投影立体显示设备

现代数字化全息投影技术完全不同于虚拟现实投影技术，与靠视差"欺骗"大脑成像的原理不同，全息影像技术凭借光波干涉对物体光波的相位与振幅进行记录，然后利用衍射原理对物体的光波信息进行展现，从而达到成像的效果。全息影像再现的光波信息保留了原物体光波的全部振幅与相位信息，再现出的影像立体感强，与原物体有着相同的 3D 特性。观看全息投影时，观众可以环绕在影像周围，从各个角度观看影像。图 6-6 是一张全息投影效果图，即使观众只用一只眼睛也能看出 3D 效果。

图 6-5　移动端头显

图 6-6　全息投影效果

2. 跟踪定位设备

跟踪定位设备是虚拟现实系统中人机交互的重要设备，其主要作用是及时、准确地获取用户动态的位置和方向信息，并把数据传递给计算机系统。跟踪定位设备有电磁波跟踪器、超声波跟踪器、光学跟踪器、机械跟踪器、惯性跟踪器和图像提取跟踪器等。

目前，VR 设备中常用的定位技术包括红外定位、可见光定位、激光定位等技术。

① 红外定位技术：用多个红外摄像头对室内空间进行覆盖，在被跟踪物体上放置红外反光点，通过捕捉这些反光点返回摄像头的图像，确定被跟踪物体在空间中的位置。

② 可见光定位技术：与红外定位技术相近，但在被跟踪物体上设置主动发光标识点，以不同颜色相区分，通过摄像头捕捉图像，计算标识点的位置。

③ 激光定位技术：利用定位光塔，对定位空间发射横、竖两个方向的扫射激光，在被跟踪物体上放置多个激光感应接收器，通过计算两束光线达到被跟踪物体的角度差，计算出其坐标。激光定位技术成本低，精度高，例如，HTC Vive 的 Lighthouse 室内定位采用的就是这种技术。

3. 虚拟现实声音设备

在虚拟现实系统中，声音起着至关重要的作用。要模拟真实的音效，不仅要求有高保真、高质量的音质，对声音系统的布局也有要求，例如，当用户"看"到飞机飞过头顶时，就应该"听"到飞机发出的轰鸣声从头顶掠过，从而产生更强烈的沉浸感。

在虚拟现实系统中，扬声器、音箱是固定式的声音设备，能同时为多用户所共享。布局很好的固定声音设备在虚拟世界中保持稳定，并容易创造各种灵活、生动、震撼的音效。

耳机式声音设备一般与头显结合使用，虽然只能给单独用户使用，但其双声道结构较容易创建空间化的 3D 声场。与普通立体声耳机不同，VR 系统中的声场在用户移动时可以保持稳定。

语音交互设备经过长期发展，已经日益成熟。智能化的语音设备使用户可以通过语音发出指令与虚拟现实系统交互，如 iPhone 中的 Siri。

4. 人机交互设备

为了在虚拟现实系统中实现自然交互，人们开发了许多不同形式、不同功能的交互设备。这些技术有些已经比较成熟并且应用广泛，有些还处在不断改进和完善的过程之中。下面介绍几种常用的交互设备。

（1）数据手套

数据手套是虚拟现实系统中最常用的交互工具之一，它能够把用户手部的姿势准确地传递给虚拟环境，并把其与虚拟物体的接触信息反馈给用户，使用户能以自然的方式与虚拟环境交互，增强真实感和沉浸感。数据手套特别适用于对虚拟物体进行多自由度的复杂操作。由于数据手套一般不提供位置信息，所以常与跟踪定位设备一起使用。

（2）3D 控制器

3D 控制器主要有 3D 鼠标与空间球。3D 鼠标和标准的鼠标一样，可以在桌面上操作，但它还可以离开地面，在虚拟空间上实现 6 个自由度（Degree of Freedom，DoF）的操作。空间球则可以作为 3D 鼠标使用，它也支持 6-DoF 的操作，可以从不同角度和方位对虚拟物体进行操控。空间球成本低、简单耐用，常用于 CAD/CAM 系统等。

（3）数据衣

数据衣（Data Suit）是一种人体互动 VR 设备，其原理与数据手套相似，可以让虚拟现实系统识别人体全身的情况。它将大量的光纤、电极和传感器安装在衣服上，可感知并测量人体四肢、腰部以及各个关节的活动情况。反过来，衣服也反作用在用户身上，产生摩擦力，让用户有逼真的感受。

（4）接触反馈和力反馈设备

触觉也是人类从现实世界获取信息的一种重要方式。在虚拟现实系统中，接触反馈和

图 6-7　力反馈数据手套

力反馈功能有助于提供真实感和沉浸感，也增加了一种自然交互的实现途径。接触反馈反映了作用在皮肤上的力，而力反馈是作用在人的肌肉、关节和筋腱上的力。例如，人用手拿起一个杯子，通过接触反馈可以感觉到杯子的光滑度、硬度，而通过力反馈才能感觉到杯子的重量。由于接触反馈机制比较复杂，相关设备还不成熟，多处于原理性实验阶段，离真正实用尚有一定距离。数据手套中有一种力反馈数据手套，如图 6-7 所示，其借助触觉反馈的功能，让用户用手触碰虚拟世界中的物体，并在接触中感觉到物体的受力、移动和振动。

（5）其他交互设备

通过神经/肌肉进行交互一直是热门的研究课题。腕带就是通过检测用户手臂肌肉的生物电变化，并结合物理动作监控来进行人机交互的。这种设备目前可以通过手势和动作滑动屏幕，甚至可以操控无人机。

意念控制也一直是热门的研究课题。它通过检测人的脑电波识别意念类别，用于虚拟现实系统的人机交互。这类研究已取得了很大进展，但还远不够成熟。

动作捕捉设备是一种可以准确测量物体在 3D 空间中运动状况的技术设备，能在 6-DoF 上实时捕捉人体运动状态。常见的动作捕捉设备有表情捕捉和肢体捕捉两类。

5. 3D 建模设备

3D 建模设备是一种可以快速建立仿真的 3D 模型的辅助设备，主要有 3D 摄像机、3D 扫描仪和 3D 打印机。

3D 摄像机也称立体相机，是一种能拍摄立体、高清视频的虚拟现实设备。3D 摄像机上有两个镜头同时以一定的距离和夹角来拍摄对象，模拟人类视差成像的基本原理，从而可以实现逼真的立体视觉效果。使用这种设备拍摄的视频可以在具有立体显示功能的设备上播放，产生强烈的逼真感和沉浸感。

3D 扫描仪能通过扫描物体快速获取物体的几何信息和外观信息（颜色、反射率等），并将其转换成计算机容易处理的 3D 模型。3D 扫描仪分接触式和非接触式两种，是虚拟现实领域中一种非常重要的快速建模设备，是实现 3D 信息数字化的快速、有效手段。

3D 打印机是一种能够根据外形直接"打印"出仿真 3D 物体的设备。原理上，3D 打印机与喷墨打印机相似，通过逐层增加材料来生成 3D 实体。3D 打印机如图 6-8 所示。

图 6-8　3D 打印机

6.2.2　虚拟现实建模语言

虚拟现实建模语言（Virtual Reality Modeling Language，VRML）是一种用于创建 3D 虚拟场景模型的语言，具有平台无关的特性。VRML 弥补了 HTML 不能描述 3D 信息的缺憾，成为描述 3D 虚拟世界的主要标准之一。目前，大多数 3D 图形软件都支持 VRML 格式的输出接口。VRML 也是一种面向 Web、面向对象的解释型 3D 造型语言，它使用可复用的各种节点来构造复杂的 3D 场景，不仅支持数据和过程的 3D 表示，还支持音响节点。利用 VRML，用户可以在 Internet 上构建交互式 3D 多媒体虚拟世界。

1993 年发布的 VRML 1.0 功能较弱，只允许单用户使用非交互功能，不支持声音和动画。1997 年发布的基于 SGI 公司 Moving World 提案的 VRML 2.0 改进了文件结构，扩大了节点数量，支持动态和静态两类对象，加入了声音和动画支持，按惯例定名为 VRML97。1998 年，VRML 组织改名为 Web3D 组织，并制定了一个新的标准 X3D（Extensible 3D）。X3D 是一个高度可扩展的标准，于 2004 年被 ISO 批准为国际标准。它整合了 Java3D、XML、流媒体等技术，为互联网 3D 技术的发展提供了广阔前景。

目前，VRML 已广泛应用于生活、生产、科研教学、商务甚至军事等各种领域。

1. VRML 的特点

VRML 是一种 3D 造型、渲染语言。为适应网络环境，VRML 采用 C/S（客户-服务器）访问模式，由服务器负责提供 VRML 文件，用户则通过特定的 VRML 浏览器或装有 VRML 插件的 Web 浏览器显示 VRML 文件。由于浏览器由本地平台提供，因此可以实现平台无关性。

VRML 实现了感知功能，允许观察者与造型之间进行动态交互。例如，在 VRML 场景中的一个造型上添加传感器，该传感器能通过定点设备感知观察者的移动、鼠标单击和拖动等事件，产生的事件可以通过路由触发另一个节点的动画播放。系统感知观察者的接近常采用三种方法：感知观察者的可视性、感知观察者的接近性和碰撞检测。

VRML 具有开放性、可扩充性。用户可以根据需要定义自己的对象及其属性，并通过支持脚本语言的浏览器解释这种对象及其行为，保证 VRML 能不断更新和发展。用户可以使用任何一种文本编辑器编辑 VRML 代码，如记事本等。但专用的编辑器显然对用户更为友好，如附带语法检查功能等。常用的 VRML 编辑器有 VrmlPad、SwirlX3D、Cosmo World 等。VRML 支持基于 B/S（浏览器/服务器）结构的 3D 图形显示模式，需要通过浏览器观看效果。用户可以使用专门的浏览器或在普通浏览器上安装插件来观看 VRML 场景，如 Cortona3D Views、FreeWRL、BS Contact 等。

VRML 文件的结构包含 5 个主要成分：VRML 文件头、原型（Proto）、造型节点（Node）、脚本（Script）和路由（Route）。文件头是必须的，它说明文件符合的规范或标准和使用的字符集等信息。原型定义新节点类型，可以在文件的其他地方被引用。VRML 内置节点有 54 种，是用来构造场景的基本模块。脚本可以用 Java 或 JavaScript 语言编写。每个脚本节点包含一段脚本程序，可接受输入事件，处理事件中的信息，并产生新的事件输出。路由是一种文本描述消息，一旦在两个节点之间创建了一个路由，第一个节点就可以顺着路由传递消息给第二个节点，这样的消息称为事件。

下面通过一段简单的 VRML 代码，说明其定义方式及基本结构。

【例 6-1】 VRML 代码。

```
#sphere.wrl
#VRML V2.0 utf8                          #VRML 文件标志
Group{                                   #编组造型节点
    children[                            #子节点域
        Shape{                           #定义造型
            appearance Appearance {      #设置外观
                material Material{       #设置材质
                    diffuseColor 0.1 0.8 0.2    #设置漫反射颜色
                    shininess 0.8        #设置漫反射光线强度
                }
            }
            geometry Sphere{             #定义球体形状
                radius 1.5               #设置球体半径
            }
        }
    ]
}
```

这段 VRML 代码定义了一个半径为 1.5 的球体（Sphere）。如图 6-9 所示，代码用 VrmlPad 编辑器编辑，保存为 sphere.wrl 文件。该文件在 BS Contact 虚拟现实播放器中的显示效果如图 6-10 所示。代码的第一行 "#VRML V2.0 utf8" 表示该文件为 VRML 文件，遵循的国际规范为 VRML 2.0，采用 UTF-8 字符集。VRML 文件以层级式结构组织节点对象，节点名称的第一个字母大写，如 Group 和 Shape。Group 节点用来编组造型节点，它包含一个 children 域，而 children 的域值是包含一个 Shape 节点对象的列表。Shape 节点包含 appearance 和 geometry 域，前者定义造型外观节点 Appearance，后者则定义造型的形状节点 Sphere。

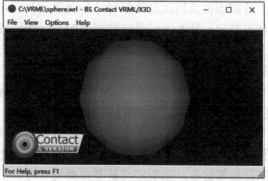

图 6-9 sphere.wrl 文件的编辑界面   图 6-10 sphere.wrl 文件的显示效果

场景不仅是对象的集合，也定义了这些对象的顺序。在一个场景中，排在前面的对象可以影响排在其后的对象。例如，例 6-1 中 Material（材质）节点会使排在其后的造型对象以该材质呈现。Material 节点中定义了材质的漫反射颜色和漫反射光线强度。

场景中有一个统一的坐标系，每个对象都有确切的坐标。VRML 采用右手坐标系，如图 6-11 所示。在初始状态（即用户没有移动位置或改变视角）下，X 轴沿屏幕水平向右，Y 轴沿屏幕垂直向上，Z 轴垂直于屏幕指向用户。

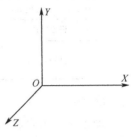

图 6-11　右手坐标系

在初始状态下，文本对象的位置默认自左向右，沿 X 轴正方向排列，其他几何对象创建时被放置在空间坐标(0,0,0)位置，例如，图 6-10 中的球体，创建时自动居于场景空间的中心位置。

2. VRML 文件的主要内容

（1）VRML 的主要元素

① 节点

节点是 VRML 文件最基本的组成部分。VRML 文件的主要内容就是节点的层层嵌套及节点的定义与使用，并由此构建虚拟世界场景。一个节点就是一个对象，是各种现实物体或概念的抽象。每个节点都包含一个或多个参数，这些参数分为域和事件两种，前者定义节点的各种属性，后者则支持交互性。VRML 2.0 定义了 54 种节点，按类别列在表 6-2 中。

表 6-2　VRML 2.0 定义的节点

节 点 类 别	节 点 名 称
造型、外观、材质节点	Shape、Appearance、Material
基本几何造型节点	Box、Cone、Cylinder、Sphere
编组节点	Group、Switch、Billboard
文字造型节点	Text、FontStyle
坐标变换节点	Transform
感知节点	TouchSensor、CylinderSensor、PlaneSensor、SphereSensor、VisibilitySensor、ProximitySensor、Collision
点、线、面节点	PointSet、IndexedLineSet、IndexedFaceSet、Coordinate
颜色、纹理、明暗节点	Color、ImageTexture、PixelTexture、MovieTexture、Normal
空间信息节点	WorldInfo
背景节点	Background
光源控制节点	PointLight、DirectionalLight、SpotLight
声音节点	AudioClip、MovieTexture、Sound
细节控制节点	Lod
雾节点、锚点节点	Fog、Anchor
控制视点节点	Viewpoint、NavigationInfo
用于创建新节点的节点	Proto、ExternProto、IS

节 点 类 别	节 点 名 称
挤出节点、海拔节点	Extrusion、ElevationGrid
脚本节点	Script
内插器节点	TimeSensor、PositionInterpolater、OrientationInterpolater、ColorInterpolater、ScalarInterpolator、CoordinateIntepolator

② 域

域定义了节点的属性。一个节点可以包含一个或多个域，一个域可以包含一个或多个域值。在 VRML 中，同一个节点中的域有以下特点。

● 无序性：域间没有先后次序之分，不同排列顺序不会产生不同结果。

● 可选性：每个域都有自己相应的默认值。

③ 节点的定义及引用

在 VRML 文件中，用户可以定义命名节点，并在定义节点之后多次引用。被定义的节点称为原始节点，对命名节点的引用称为实例。原始节点的域值可以在实例中被引用，但当原始节点中的域值被修改后，其所有实例的域值也会随之更新。实例创建与原始节点完全相同的造型。

定义节点名称的语法如下：

```
DEF 节点名称 节点{
    ...
    }
```

引用节点的语法如下：

```
USE 节点名称
```

④ VRML 文件中的注释

VRML 允许用户在文件的任何部分进行注释说明，以增强文件可读性。VRML 文件只支持单行注释，以"#"字符开头并结束于该行的末尾。

（2）常用节点介绍

① 造型节点 Shape

Shape 节点将 Appearance 节点指定的材质和质感应用于 geometry 域的几何节点。其语法如下：

```
Shape{
    appearance    NULL    # exposedField  SFNode
    geometry      NULL    # exposedField  SFNode
    }
```

其中，appearance 域的域值可为 NULL（空），也可包含一个 Appearance 节点，用于定义造型外观的颜色和纹理；geometry 域的域值也可为空，也可包含一个几何节点，如 Box、

Cone、PointSet 等，用于定义造型形状。

在注释部分，域类型被标识为 exposedField 和 SFNode。在 VRML 中，域分为 field 和 exposedField 两种。事件类型也有两种：eventIn 和 eventOut，分别称为事件进和事件出。实际上，exposedField 域是 field、eventIn、eventOut 三者的组合。例如，定义了一个名称为 a 的 exposedField 域，意味着创建了一个名为 a 的域、一个名为 set_a 的 eventIn 和一个名为 a_changed 的 eventOut。

根据域值类型，域又可分单值域和多值域。所谓单值，可以是一个单独的数，也可以是定义一个向量或一种颜色的几个数，甚至可以是定义一幅图像的一组数。而多值域则包含多个单值。单值域名称以"SF"字符开始，而多值域名称的开始字符为"MF"。SFNode 表示该域类型为单值节点域。

② 外观节点 Appearance

Appearance 节点仅在 Shape 节点中的 appearance 域中出现。其语法如下：

```
Appearance{
    material  NULL            # exposedField   SFNode
    texture   NULL            # exposedField   SFNode
    textureTransform NULL     # exposedField   SFNode
}
```

其中，material 可包含一个 Material 节点，texture 可包含一个 ImageTexture、MovieTexture 或者 PixelTexture 节点，textureTransform 可包含一个 TextureTransform 节点。

③ 材质节点 Material

Material 节点为相关的几何形体定义了表面材料特性，它的域定义了物体表面反射光及产生颜色的方式。Material 节点的语法如下：

```
Material{
diffuseColor              0.8 0.8 0.8      #exposedField  SFColor
    ambientIntensity      0.2              #exposedField  SFFloat
    emissiveColor         0 0 0            #exposedField  SFFloat
    shininess             0.2              #exposedField  SFFloat
    specularColor         0 0 0            #exposedField  SFColor
    transparency          0                #exposedField  SFFloat
}
```

域值说明：

● diffuseColor：漫反射颜色。
● ambientIntensity：环境光反射强度，其指明将有多少环境光被该表面反射。
● emissiveColor：指明一个发光物体产生的光的颜色。
● shininess：物体表面的亮度，取值范围为从漫反射表面的 0.0 到高度抛光表面的 1.0。
● specularColor：镜面反射光颜色。
● transparency：物体的透明度。

④ 坐标变换节点 Transform

在 VRML 中创建新的空间坐标系是通过将所要安排位置和方向的造型用 Transform 节点编组来实现的。一个 Transform 节点表示相对当前坐标系形成了一个新的坐标系，而在 Transform 节点编组中的造型都是相对于这个新坐标系创建的。Transform 节点的域定义了对象的定位、旋转、缩放等属性，其语法如下：

```
Transform{
    children     []            #exposedField  MFNode
    center       0 0 0         #exposedField  SFVect3f
    rotation     0 0 1 0       #exposedField  SFRotation
    scale        1 1 1         #exposedField  SFVect3f
    translation  0 0 0         #exposedField  SFVect3f
    …
}
```

域值说明：

- children：受该节点指定的变换影响的子节点。
- center：用来指定一个适当的空间旋转中心。当用 scale 域缩放造型的时候，默认的缩放中心也是 center 域的默认域值。
- rotation：给定旋转的轴和角度。
- scale：指定缩放比例，各轴向缩放比例可以不相等。
- translation：指定变换量。

⑤ 接触传感器节点 TouchSensor

传感器是 VRML 提供交互能力和动态行为的基元，共有 7 种感知节点，见表 6-2。它们提供了用户与虚拟对象进行交互的机制，即根据时钟或用户的动作，产生一个相应的事件，事件沿着事先设定好的路由传递下去，使得虚拟对象对用户做出响应，实现交互。这里仅以 TouchSensor 节点为例，说明传感器的功能。其语法如下：

```
TouchSensor {
    enabled TRUE   #exposedField  SFBool
    isActive       #eventOut      SFBool
    isOver         #eventOut      SFBool
    …
}
```

该节点可以感知到观察者的移动。当代表观察者的光标移动到有 TouchSensor 节点的造型之上时，这个节点的 isOver 事件就会输出一个 TRUE，当光标移开后，isOver 就会输出一个 FALSE。类似地，若用户将光标移到该组造型且按下鼠标左键时，触发 isActive 事件并输出一个 TRUE，放开该键后，再输出一个 FALSE。

⑥ 文字造型节点 Text 和 FontStyle

文本节点 Text 可以在场景中显示各种文字造型，它通过 FontStyle 节点设置文字样式。其语法如下：

```
Text{
    string      []          #exposedField    MFString
    length      []          #exposedField    MFFloat
    maxExtent   0.0         #exposedField    SFFloat
    fontStyle   NULL        #exposedField    SFNode
}
FontStyle{
    family      "SERIF" #field  SFString
    style       "BOLD"  #field  SFString
    size        1.0     #field  SFFloat
    horizontal  TRUE    #field  SFBool
    …
}
```

3. VRML 造型

　　VRML 虚拟场景中的造型由 Shape 节点创建与封装。具体的造型对象可以是基本几何体、文字以及复杂造型等。造型可以用 Group、Transform 等节点进行编组。下面通过几个实例介绍 VRML 的空间造型方法。

（1）基本几何体造型

【例 6-2】　制作飞碟造型。

```
#ufo.wrl
#VRML V2.0 utf8                                    #文件标志
Background {                                       #背景节点
    skyColor [0 0.4 0.6]                           #天空的颜色
}
Transform{                                         #坐标变换节点
    translation 0.0 0.0 0.0                        #设置位置变化
    scale 2.3 1.6 2.3                              #设置缩放比例
    children[                                      #子节点列表
        Shape{                                     #定义造型
            appearance Appearance{                 #定义外观
                material Material {                #定义材质
                    diffuseColor  0.3 0.2 0.4      #漫反射颜色
                    ambientIntensity 0.4           #环境光反射强度
                    specularColor 0.7 0.7 0.6      #镜面反射光颜色
                    shininess   0.30               #物体表面的亮度
                }
            }
            geometry Sphere{                       #定义球体（飞碟小盘）
                radius 1.0                         #设置球体半径
            }
        }
    ]
```

```
        }
    Transform {                                    #另一个坐标变换节点
        translation  0.0 0.0 0.0
        scale 4.0 1.0 4.0
        children [
           Shape {
              appearance Appearance {
                 material  Material {
                     diffuseColor  0.3 0.2 0.4
                     ambientIntensity 0.4
                     specularColor 0.7 0.7 0.6
                     shininess 0.30
                 }
              }
              geometry Sphere {                    #定义球体（飞碟大盘）
                 radius 1.0
              }
           }
        ]
    }
```

上述代码中，Background 节点用于设置场景背景天空的颜色，两个 Transform 节点分别创建两个球体对象，经三个维度的缩放后构成飞碟造型，如图 6-12 所示。

（2）文字造型

在 VRML 中，文字也是一种造型，文字造型使用 FontStyle 节点设置文字样式。

【例6-3】 制作文字造型"VRML Scene"。

```
    #scene.wrl
    #VRML V2.0 utf8
    Billboard{                                     #公告牌节点
       children[
          Shape{
             geometry Text{                        #文本节点
                string["VRML Scene"]               #要显示的文本
                fontStyle FontStyle {              #文字样式节点
                   size 0.1                        #文字大小
                   style "BOLD"                    #文字字体
                }
             }
          }
       ]
    }
```

上述代码中使用了 Billboard 节点，其作用是在观察者移动的时候，节点将自动旋转以使其内容始终处于可视方位。例 6-3 的显示效果如图 6-13 所示，用鼠标拖动并旋转场景可观察到文字也会自动调整方向，使观察者容易看清文字内容。

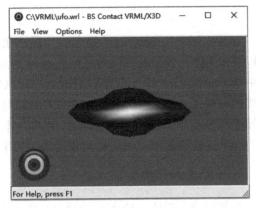

图 6-12　飞碟造型

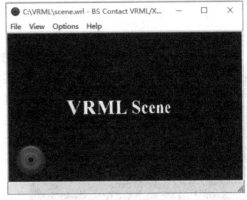

图 6-13　文字造型

（3）场景效果

场景效果是指在虚拟空间中，如何对场景中的对象进行渲染、融合。场景效果的主要内容包括设置造型纹理以及添加视点、灯光、声音和导航等。这里仅介绍造型纹理的设置。

【例 6-4】　制作平板电视造型。

```
#tv.wrl
#VRML V2.0 utf8
Transform{
    translation 0 0 -0.1                    #沿 Z 轴负向移动 0.1 个单位
    children[
        Shape{
            appearance Appearance{
                material  Material{
                    diffuseColor 0.3 0.3 0.3
                }
            }
            geometry Box{                    #定义立方体（电视外框）
                size 5.1 3.4 0.2             #立方体大小
            }
        }
    ]
}
Shape{
    appearance Appearance {
        texture DEF movie MovieTexture{      #电影纹理节点（命名节点）
            url  "tomcat.gif"                #动画文件
            loop TRUE                        #循环播放
        }
    }
    geometry Box{                            #定义立方体（电视屏幕）
```

```
        size 4.5 3 0.01
    }
}
```

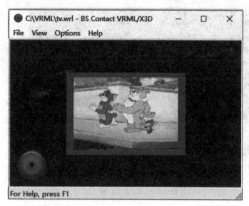

图 6-14   电影纹理效果

上述代码中，tomcat.gif 是包含一段动画的 GIF 格式文件。代码的显示效果如图 6-14 所示。其中 MovieTexture 节点可以支持图像、MEPG-1 格式的视频等。如果视频文件中含有声音，可以另外添加 Sound 节点，通过其 source 属性与本例中的 movie 连接起来，就可以同步播放声音了。

4. VRML 场景动画

与普通动画相比，VRML 动画更有吸引力，因为当用户在一个虚拟世界中漫游时，他可以从各种角度来观察，这是 3D 场景动画特有的优点之一。

VRML 提供了人为设计的随时间变化的场景动画。VRML 依据一个给定的时间传感器以及一些插补器对场景中的动画进行控制。其基本思想就是由时间传感器给出时钟信号，驱动插补器在虚拟场景中产生相应的动画效果。节点中的消息传递通过路由进行。

【例 6-5】   制作场景合成动画。

```
#animation.wrl
#VRML V2.0 utf8
Group {
    children[
    Background {
        skyColor 0.2 0.3 0.6
    }
    DEF text Transform {              #定义命名坐标变换节点 text
        translation 0 0.8 0·          #沿纵轴正向移动 0.8 个单位
        children Inline{url "scene.wrl"}  #导入 scene.wrl 文件（文字）
    }
    DEF tv Transform {                #定义命名坐标变换节点 tv
        translation -0.6 0 0          #沿横轴负向移动 0.6 个单位
        scale 0.2 0.2 0.2             #缩放导入的 tv 对象
        children[ Inline{url "tv.wrl"}  #导入 tv.wrl 文件（平板电视）
        DEF tv_touch TouchSensor{}    #设置接触传感器
        ]
    }
    DEF ufo Transform {
        translation 1 0 0
        scale 0.15 0.15 0.15
        children Inline{url "ufo.wrl"}   #导入 ufo.wrl 文件（飞碟）
    }
```

```
DEF oi OrientationInterpolator {        #方向插补器
    key[0, 0.5 1]                       #关键时间值序列
    keyValue [0 1 0 0,      #旋转值，前3个确定旋转轴，最后1个为旋转弧度
              0 1 0.1 3.14,
              0 1 0 6.28
    ]
}
DEF ts TimeSensor{                      #定义命名时间传感器节点ts
    cycleInterval 3                     #循环时间间隔
    stopTime -1                         #停止时间
    loop FALSE                          #设置是否循环
    }
    ]
}
ROUTE tv_touch.touchTime TO ts.startTime      #从tv_touch到ts的路由
ROUTE ts.fraction_changed TO oi.set_fraction  #从ts到io的路由
ROUTE oi.value_changed TO ufo.set_rotation    #从oi到ufo的路由
```

上述代码中，用内置函数 Inline 将前面例子中的 VRML 文件导入，经缩放和移位后添加到当前场景中。由于 tv 对象添加了 tv_touch 接触传感器，当用户用鼠标单击平板电视时，会触发传感器产生事件，事件经第 1 条路由后触发时间传感器 ts，开始关键时间值序列循环。当时间值变化时，经过第 2 条路由触发方向插补器 oi。插补器的值发生变化后，经第 3 条路由触发 ufo 对象的旋转操作，插补器依次输出 keyValue 中的对应值，作为 ufo 对象的旋转参数。

例 6-5 的场景合成动画效果如图 6-15 所示，其中集成了例 6-2、例 6-3 和例 6-4 的内容。单击左侧平板电视，右侧的飞碟开始旋转。

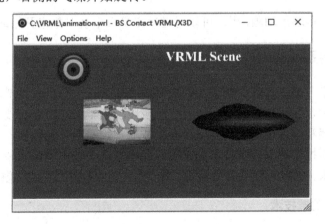

图 6-15 场景合成动画效果

使用脚本编程是 VRML 实现动画的另一种方法。脚本可以用 JavaScript 语言编写，通过 Script 节点嵌入。在例 6-5 的代码中删除最后 3 条路由语句，将 TimeSensor 中 loop 域的值修改为 TRUE，再添加如下代码：

```
DEF way Script {                              #脚本节点
    eventIn SFTime clicked                    #单击事件（入事件）
    eventIn SFFloat rotate                    #旋转事件（入事件）
    eventOut SFRotation rotation              #旋转效果事件（出事件）
    field SFBool status FALSE                 #status域（暂停状态）
    url "javascript:                          #嵌入JavaScript脚本
    function initialize()                     #初始化函数，设置初始旋转值
    {
        rotation[0]=0 ;
        rotation[1]=1 ;                       #围绕纵轴旋转
        rotation[2]=0  ;
        rotation[3]=0.0 ;
        status=FALSE;                         #初始状态为停（飞碟）
    }
    function clicked(time)                     #单击响应函数
    {
        if(!status)  status=TRUE;
        else   status=FALSE;                  #设置状态
    }
    function rotate(fraction)                  #旋转函数
    {
        if(status)  rotation[3]=(fraction*6.28);#计算旋转弧度
    }"
}
ROUTE tv_touch.touchTime TO ts.startTime      #从tv_touch到ts的路由
ROUTE tv_touch.touchTime TO way.clicked       #从tv_touch到way的路由
ROUTE ts.fraction_changed TO  way.rotate      #从ts到way的路由
ROUTE way.rotation TO ufo.set_rotation        #从way到ufo的路由
```

在浏览器中显示场景动画，用户可以通过单击平板电视对象来开始或停止飞碟的旋转。

6.2.3　虚拟现实系统的构建

虚拟现实技术一问世，就引起了人们浓厚的兴趣。时至今日，虚拟现实技术在医学、军事、建筑、艺术、娱乐等诸多领域得到广泛应用。近年来，随着新技术的不断出现，虚拟现实技术的内涵和外延也在不断变化。人工智能、物联网、大数据、云计算、元宇宙这些技术和理念不断推动虚拟现实技术的发展，为虚拟现实技术增添了新的途径和内容。下面我们从关键技术、开发环境及开发流程三个方面，介绍虚拟现实系统的构建方法。

1. 虚拟现实关键技术

虚拟现实技术的目标在于追求真实的体验和自然的交互，其技术体系主要由感知技术、建模技术、显示技术和交互技术构成。下面介绍几种常见的关键技术。

（1）3D建模技术

构建虚拟场景需要采用 3D 建模技术创建所需的各种几何模型。而这些模型的创建需

要使用或参考从实际环境中获取的 3D 数据，这样才能创建逼真的虚拟环境。虚拟场景建模是虚拟现实技术的核心内容。

在模型创建过程中，不仅要让模型的几何外观逼真可信，有时还需要让某些对象具有复杂的物理属性和良好的交互功能。因此除了基本几何建模，还要考虑物理建模和行为建模。物理建模是指给一定几何形状的物体赋予特定的物理特性，如重力影响、碰撞检测等；行为建模则用于描述物体的运动和行为，如人体动作、智能导航等。

虚拟现实系统中的几何建模有多种途径，既可以借助 3D 建模软件（如 Maya、Sketchup）来完成，也可以借助硬件设备（如 3D 扫描仪）来完成，或者使用建模语言、图形库（如 OpenGL、VRML、Java3D）来实现。

（2）立体显示技术

人类对客观世界中信息的获取很大部分依赖于视觉，因此在多感知的虚拟现实场景中，视觉信息的获取是一个重要环节。要让用户完全沉浸于虚拟环境中，并在虚拟环境中进行自然交互，立体显示技术起着关键作用。立体显示技术可以把虚拟对象的景深、层次、位置全部展现出来，让用户有一个自然、真实的直观感受。

从技术角度来看，为使人们在虚拟环境中看到的场景与日常生活中的真实场景差别不大，需要根据人眼的一些生理特点，通过电子、光学、计算机技术构建逼真的 3D 虚拟环境和立体虚拟对象。

从硬件角度来看，虚拟现实系统必须有运算速度高、图形处理能力强的计算机硬件的支持，能够实时处理复杂图形并缩短用户的视觉延迟。目前，普遍采用高性能的图形工作站、头盔式显示器、3D 眼镜。

（3）3D 虚拟混音技术

在虚拟环境中，听觉是除视觉外的另一种重要的信息来源。恰当、自然的声音不仅可以增强场景的逼真效果，还可以减弱大脑对视觉的依赖性，降低沉浸感对视觉信息的要求。虚拟环境的听觉通道，能让人感觉置身于 360° 的立体声场中，不仅能识别出声音的类型和强度，也能判断声音的来源。

研究表明，3D 虚拟混音与普通立体声给人带来的感受是不同的。3D 虚拟混音技术通过改变声音的混响时间差和混响压力差，可让人明显感觉到声源位置的变化，从而使虚拟场景设计者可根据需要设计声源的分布。另外，借助 3D 空间定位装置，利用特殊的处理技术，可以让用户即使在运动时，也能感觉到声源在原处保持不变，从而产生强烈的现场沉浸感。

（4）人机交互技术

人机交互就是人与计算机之间的信息交流。随着计算机技术的进步，人机交互技术也从键盘、鼠标的简单交流方式向多模态的自然交互方向发展。手势识别、面部表情识别、眼动跟踪技术、力触觉交互技术，甚至人脑信号识别技术都在研究和探索之中，并且不断取得进展，相信不久的将来，这些人机交互技术就能在我们的日常、学习、工作中发挥作用。

（5）碰撞检测技术

为了保证虚拟环境的真实性，虚拟环境中的物体必须保持与现实世界一致的物理特性。

例如，若一个物体在现实世界中是不可穿透的，那么在虚拟环境中也应如此。用户在虚拟环境中接触虚拟物体，进行抓、推、拉的时候应该产生碰撞，虚拟现实系统必须及时检测并给出相应的反应，及时更新场景输出。虚拟环境的几何复杂性往往会增加碰撞检测算法的复杂性，但虚拟现实系统有较高的实时性要求，碰撞检测必须在很短的时间内完成。

2. 虚拟现实系统的开发环境

虚拟现实系统的开发环境主要包括 VR 设备嵌入软件和运行在 VR 设备上的系统平台软件。前者的功能是支持、驱动设备进行视频采集、3D 模型重建、人体跟踪和动作捕捉等，后者主要包括 3D 建模软件、专业引擎和虚拟现实开发工具。

在虚拟现实系统的构建过程中，3D 建模软件主要用于 3D 场景建模，并进行数据准备，如 3ds Max、Maya 等。专业引擎一般包括图形渲染和物理行为引擎，它们往往一起工作，创造虚拟现实世界。虚拟现实开发工具一般是以底层编程语言为基础的通用开发平台，它们往往与专业引擎结合在一起，构成功能强大的虚拟现实开发平台，如 Unity、Vega Prime、Virtools 等。

近年来，基于 Web 的 3D 建模技术平台发展迅速。Web3D 是指在虚拟现实技术基础上，将现实世界中的物体通过互联网进行虚拟 3D 立体显示，在网页中呈现的同时可以进行交互浏览操作的一种技术。Web3D 技术的核心包括 VRML/X3D、XML、Java、HTML5、动画脚本语言和流式传输技术等。

基于 Web3D 建模，在 Web 端进行虚拟现实系统开发的技术称为 WebVR，目前主要有两种方式。

- HTML5+JavaScript+WebGL+ WebVR API：这种方式在常规 Web 应用的基础上，通过 API 与 VR 设备交互，实现虚拟现实应用。
- 第三方工具：这种方式由第三方完成 VR 交互功能，封装后发布给 Web 设计者直接使用。

WebGL 是在浏览器中实现 3D 效果的一套标准，其实现内嵌在浏览器中，允许用户使用 HTML 和 JavaScript 编程实现基于浏览器的 Web 交互和 3D 动画。

目前，常见的支持 WebVR 开发的框架或工具包括 A-frame、three.js、React VR、Vizor 和 WebVR emulator 等。

3. 虚拟现实系统的开发流程

与普通软件系统相比，虚拟现实系统的开发更加复杂、烦琐，需要的设备也比较多。要开发一个虚拟现实系统，需要准备各种媒体素材，包括场景模型、视频/音频素材、材质贴图等；需要准备各种交互设备，并将这些设备与计算机系统正确连接；需要选定软件平台，进行程序开发；最后，将所有软件、素材、硬件设备整合在一起，构成一个完整的系统。

开发虚拟现实系统需要考虑的因素较多，如任务流程的设计、场景的实时渲染、交互功能的设计与实现、各种设备的选择及设备与软件的衔接等。很多虚拟现实系统的特色较强，并且与选用的 VR 设备特性相关，因此系统的通用性差。但同类型的虚拟现实系统的开发流程基本大致相似，图 6-16 为一个虚拟现实旅游系统的开发流程示例。

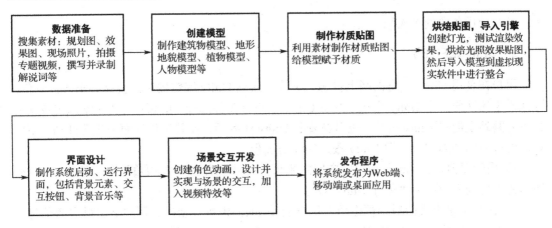

图 6-16　虚拟现实旅游系统的开发流程示例

6.3　虚拟现实开发软件 Unity

随着虚拟现实技术的日益成熟，涌现出大量可以开发虚拟现实应用的软件。其中，Unity 以其强大的专业引擎、良好的生态环境以及广泛的支持，成为主流的虚拟现实开发软件平台之一。

6.3.1　开发环境

1. Unity 的特点

Unity 是由 Unity Technologies 公司开发的一款跨平台 3D 开发环境，可以用来创建诸如 3D 视频游戏、建筑可视化、实时 3D 动画、3D 虚拟场景等互动内容的综合性开发工具。除了传统的娱乐游戏，Unity 引擎也致力于虚拟现实相关应用的开发。与同类软件相比，Unity 的工作流程效率高、画面逼真，能跨平台发布，并且提供了大量的免费资源和第三方插件。这些优点使 Unity 成为目前虚拟现实领域最受欢迎的应用开发平台。

Unity 有一个强大的可视化、可扩展的编辑器，能够进行 2D 与 3D 场景设计，支持 VR、AR 应用，可以在 Windows、macOS 和 Linux 操作系统上运行。使用 Unity 开发的作品可发布到 Windows、Windows Phone、macOS、Android 和 WebGL 等多个平台上。Unity 工作流的设计也使其开发的应用容易被移植到其他平台上，能够实现一次构建、全局部署。

Unity 拥有高性能的实时渲染引擎，支持 OpenGL 和 DirectX，能充分利用各种 GPU 的性能，使用实时全局光照和物理渲染，提供原生图形 API，并支持脚本语言编程。

Unity 目前有 4 个版本，分别是个人版、加强版、专业版和企业版。其中，个人版免费，包含核心功能，适用于自有资金少于 10 万美元的用户。个人版被限制了一些功能，如不能定制启动界面，基本能满足一般的开发需求。加强版可定制启动界面、提供工具包、支持团队协作等，适用于年收入或启动资金少于 20 万美元的用户。专业版可另外获得购买高级技术支持和源代码的资格，无年收入与启动资金限制。企业版则具有所有功能。对于初学者，推荐使用免费的个人版。

2．Unity 账户注册

用户在使用 Unity 丰富的网上资源，下载、启动 Unity 编辑器时，会被要求验证身份，因此需事先注册一个 Unity 账户。注册 Unity 账户有多种途径，既可以在 Unity 国内或国外的官方网站上创建 Unity 账户，也可在安装 Unity Hub 后，在其工作界面中进行注册。下面以国内官方网站为例，介绍 Unity 账户的注册过程。

1）用浏览器打开 Unity 国内官方网站主页，在网页右上角单击 图标，在图 6-17（a）所示的下拉列表中选择"创建 Unity ID"。

2）在接下来出现的对话框中填入用户的 E-mail 地址、密码、用户名、姓名等信息，勾选"我不是机器人"，选中"Unity 服务条款"和"Unity 隐私服务"（必选），单击"创建 Unity ID"按钮创建 Unity ID。

3）若用户输入的信息符合要求，并按向导要求完成身份验证后，系统会为用户创建账户并发送一个账户激活邮件到用户指定邮箱中。打开邮箱找到账户激活邮件，单击邮件中的"link to confirm email"超链接激活该账户。

在激活账户后，用户可以将账户绑定手机，设置为用微信账号登录，之后，用户可通过手机号、电子邮件地址或微信账号登录网站。Unity 用户登录界面如图 6-17（b）所示。

(a) Unity 用户注册、登录菜单　　　　　　(b) Unity 用户登录界面

图 6-17　Unity 注册登录界面

3．Unity 软件安装

Unity 编辑器是 Unity 集成开发环境的用户接口，不同版本的编辑器可以单独安装，也可以用 Unity Hub 统一安装管理。Unity Hub 是一个用来简化 Unity 工作流的桌面应用程序，它包含社区资源搜索、项目管理、编辑器安装、许可证管理等功能，既方便了项目的创建与管理，又简化了多个 Unity 版本的查找、下载及安装过程，还能帮助新手快速学习 Unity。用户可先在 Unity 国内官方网站下载安装 Unity Hub，再用它安装 Unity 编辑器。安装好的 Unity Hub 界面如图 6-18 所示。

图 6-18　Unity Hub 界面

启动 Unity Hub 后，单击界面左侧的"安装"，则进入安装面板。单击右上角的"安装"按钮，进入安装向导，在如图 6-19（a）所示的对话框中选择要安装的 Unity 版本，单击右下角的"下一步"按钮继续。在图 6-19（b）所示的对话框中选择预添加的模块（可接受默认选项），单击右下角的"下一步"按钮继续。

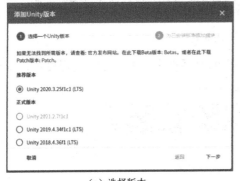

（a）选择版本

（b）选择模块

（c）最终用户许可协议

图 6-19　安装向导

在接下来的对话框中勾选接受所选择模块的授权条款，如图 6-19（c）所示，最后单击右下角的"完成"按钮，启动 Unity 编辑器的下载、安装过程。安装完成后，在 Unity Hub 安装面板上将出现新安装的 Unity 编辑器项。Unity 允许多个版本共存，用户可以在项目面板中创建已安装 Unity 版本的项目。

在使用 Unity 软件之前必须将其激活，而要激活软件，需先申请许可证（License）。在图 6-18 所示界面右上角单击 ⚙ 按钮，进入"偏好选项"界面，单击左侧的"许可证管理"，显示如图 6-20 所示。

图 6-20　许可证管理

单击右上角"激活新许可证"按钮，在出现的对话框中按图 6-21 进行设置，即选择 Unity 个人版，单击"完成"按钮完成新许可证激活。

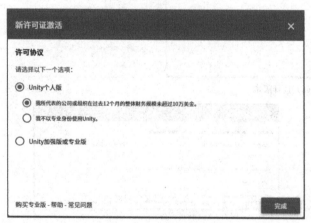

图 6-21　新许可证激活

激活 Unity 软件后，用户即获得了使用 Unity 编辑器创建本地项目的许可。但若要在项目中使用 Unity 丰富的网上资源，用户还需要使用 Unity 注册账户登录资源网站。

4．Unity 应用创建举例

用户可以使用 Unity Hub 创建已安装版本的 Unity 项目，并启动 Unity 编辑器打开项目，创建场景应用。下面我们通过创建一个 Unity 项目实例，了解 Unity 编辑器的基本功能及使用方法。

【例 6-6】　制作小球自由落体动画的场景应用。

1）创建新项目。在 Unity Hub 的项目面板中单击"新建"按钮，打开如图 6-22 所示的对话框，选择 3D 模板，输入项目名称"Ball"和位置"C:\Unity"，单击"创建"按钮，则创建新项目并打开 Unity 编辑器，其界面如图 6-23 所示。

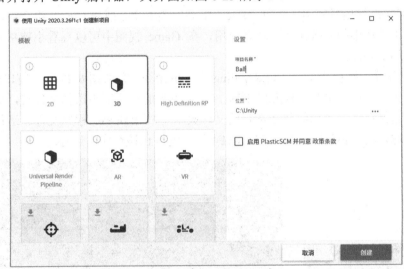

图 6-22　创建新项目

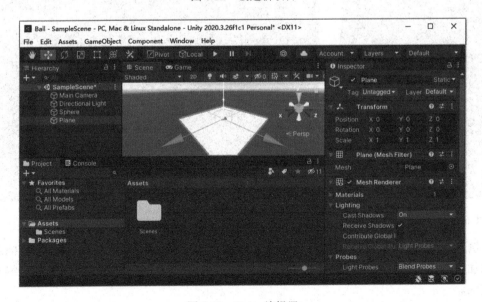

图 6-23　Unity 编辑器

2）添加游戏对象。Unity 新建项目时，将自动创建一个名为 SampleScene 的场景，场景包含两个游戏对象：摄像机（Main Camera）和平行光（Directional Light）。执行"GameObject | 3D Object | Sphere"菜单命令，在场景中创建一个名为 Sphere 的球体（小球）；执行"GameObject | 3D Object | Plane"菜单命令，在场景中添加一个方形平面（地面），如图 6-23 所示。

3）添加刚体（Rigidbody）。在界面左上方 Hierarchy 视图中选择 Sphere 对象，在右上方的 Inspector 面板中，修改 Transform 组件中 Position 的 Y 值为 10。在小球被选中的情况下，执行"Component | Physics | Rigidbody"菜单命令，为小球添加刚体组件。之后，小球的 Inspector 视图如图 6-24 所示。

4）保存并运行场景应用。执行"File | Save"菜单命令或按 Ctrl+S 组合键，保存场景文件。单击工具栏中的 ▶ 按钮运行场景应用，在 Game 视图中可以观看小球从高处加速下落到地面上的动画。

5）发布作品。执行"File | Build Settings"菜单命令，在如图 6-25 所示窗口的 Platform 列表框中选中第一项，单击"Build"按钮，在接下来的对话框中选择文件夹，单击"选择文件夹"按钮保存作品，系统将在选择的文件夹中生成 Ball.exe 程序文件。运行该程序，可以观看小球自由落体动画。可以按 Alt+F4 组合键终止该程序的运行。

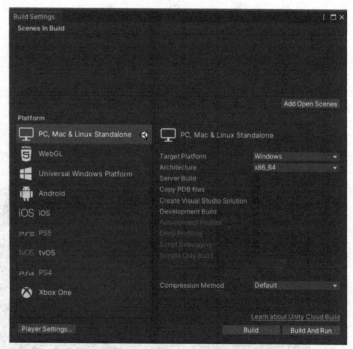

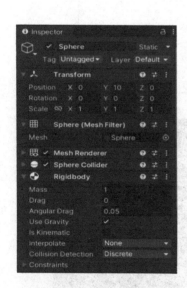

图 6-24　小球的属性设置　　　　　　　　图 6-25　Unity 应用构建和发布窗口

例 6-6 展示了 Unity 编辑器创建场景应用的一般步骤，主要包括：创建场景，向场景中添加组件、资源，构建动画，测试动画，发布作品。整个工作流程都在 Unity 编辑器中完成。

6.3.2　Unity 编辑器

Unity 编辑器是一个集成开发环境（IDE），其界面如图 6-23 所示，由多个浮动窗口（视图或面板组）构成，主要包括菜单栏、工具栏、Scene（场景）视图、Game（游戏）视图、Hierarchy（层级）视图、Project（项目）视图、Console（控制台）视图和 Inspector（检视）视图。用户首次进入 Unity 编辑器，可看到界面默认布局，在使用过程中若界面布局发生变化，可执行"Window | Layouts | Default"菜单命令恢复界面默认布局。

1. 菜单栏和工具栏

Unity 编辑器的菜单栏包括 File（文件）、Edit（编辑）、Assets（资源）、GameObject（游戏对象）、Component（组件）、Window（窗口）和 Help（帮助）7 个菜单，集中了 Unity 编辑器的主要功能与设置，功能说明见表 6-3。

表 6-3　Unity 编辑器菜单功能

菜 单 名 称	功　　　能
File	项目或场景的创建、保存和输出等
Edit	提供编辑功能，设置关联环境，控制输入的设置等
Assets	资源管理，包括创建资源、导入/导出资源等
GameObject	创建场景中的游戏对象和 UI，调整摄像机视野等
Component	为场景中的游戏对象添加系统提供的组件
Window	打开各种视图，设置编辑器视图布局等
Help	汇集了 Unity 网络资源链接，包括学习、服务、注册、社区、搜索等

Unity 编辑器的工具栏可分为 5 个控制区，如图 6-26 所示，由变换工具，变换辅助工具，播放控制工具，管理工具，分层、布局下拉列表组成。

变换工具　　　　　变换辅助工具　　　播放控制工具　　　管理工具　　　分层、布局下拉列表

图 6-26　编辑器工具栏

（1）变换工具

用来实现游戏对象的方位控制，包括位置、旋转、缩放等。这些工具的操纵对象是 Scene 视图中的游戏对象，用户可以用鼠标或特定快捷键来选定它们。在一般情况下，用户可以通过鼠标滚轮的前后滚动来拉近、拉远场景，通过按住右键拖动来旋转当前场景视角。选择不同的变换工具，可对游戏对象进行不同的操作，见表 6-4。

表 6-4　变换工具的功能

名　　称	图　标	快　捷　键	主　要　功　能
Hand（手形）工具	🖐	Q	平移 Scene 视图。拖动，可以平移场景；同时按住 Alt 键拖动，可以旋转场景；同时按住 Alt 键和鼠标右键拖动，可以拉远和拉近场景

名　称	图标	快捷键	主　要　功　能
Move（移动）工具		W	移动游戏对象。在场景中选中一个游戏对象，则 Scene 视图中该对象上会出现红（x）、绿（y）、蓝（z）三个坐标轴，拖动坐标轴上的箭头，则可在对应方向上移动对象
Rotate（旋转）工具		E	旋转游戏对象。改变游戏对象在三个坐标轴上的旋转角度
Scale（缩放）工具		R	缩放游戏对象。选中游戏对象时，三个坐标轴上的箭头和中心点都变成小方块。此时，拖动坐标轴上的小方块，可以沿着相应的方向缩放对象。特别地，拖动中心点小方块，可以在三个方向上同时缩放对象
Rect（矩形）工具		T	用于查看和编辑 2D 或 3D 游戏对象的矩形手柄
综合工具		Y	移动、旋转和缩放游戏对象。选中游戏对象时，将会出现三个坐标轴及与每个坐标轴垂直的圆形框。拖动坐标轴上的箭头可移动对象；拖动圆形框可以绕轴旋转对象；转动鼠标滚轮可以缩放对象
定制工具			可定制工具，根据选中对象出现上下文菜单，如编辑碰撞盒等

（2）变换辅助工具

对场景中的游戏对象进行位置坐标变换操作。

① 如果选择 Center，将以所有选中对象的轴心作为轴心参考点，通常用于多个选中对象的总体移动；如果选择 Pivot，将以最后一个选中的对象轴心作为参考点。

② 如果选择 Local，Gizmos 工具的旋转将相对于选中的对象；如果选择 Global，Gizmos 工具的旋转将相对于场景。

（3）播放控制工具

针对 Game 视图的工具。单击 Play 按钮 ，Game 视图被激活，并进入播放模式。单击 Pause 按钮 ，暂停动画播放。单击 Step 按钮 ，逐帧播放动画。在播放过程中，用户可以通过 Inspector 视图临时修改游戏对象的属性值，这些修改只在本次播放过程中起作用，播放结束后，属性值会恢复为原来的设定。在播放模式下，不允许保存场景。要退出播放模式，单击 Play 按钮。

（4）管理工具

Plastic SCM 按钮 用于版本管理；"服务"按钮 用于云服务访问；"账户"下拉列表 用于管理 Unity 账户。

（5）分层、布局下拉列表

分层（Layers）下拉列表用于分层编辑、显示场景中的游戏对象。当场景中的游戏对象比较多时，可以将其分配到不同层中（设置 Inspector 视图的 Layer 属性），方便编辑。用户可在下拉列表中单击选中层后面的眼睛图标来关闭该层。布局（Layout）下拉列表用于管理界面布局，如选择布局、保存布局到文件中等。

2. 视图

Unity 编辑器的核心任务就是构造场景。在 Unity 集成开发环境中，用户通过各种视图与场景中的游戏对象进行交互操作。下面分别介绍这些视图的作用。

（1）Scene 视图

Scene 视图是 Unity 编辑器最重要的视图之一，用来显示场景。场景中包含的模型、光源、摄像机、游戏对象都显示在此视图中。用户可在此视图中直接观察游戏对象，并进行操作，如选择、移动、旋转等。

Scene 视图是场景的一个透视图，使用世界坐标系标识游戏对象的坐标，坐标原点为 (0,0,0)。在默认情况下，向左的坐标轴是 x 轴，向上的坐标轴是 y 轴，垂直屏幕向里的坐标轴是 z 轴，如图 6-27 所示。场景的背景为天空盒（Skybox），上半部分表示天空，下半部分表示大地。

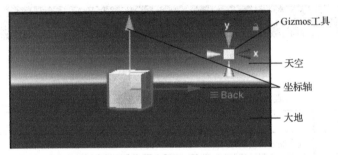

图 6-27　坐标轴和 Gizmos 工具

执行"GameObject｜3D Object｜Cube"菜单命令，在场景中创建一个游戏对象 Cube，调整场景中对象的位置如图 6-28 所示。在 Scene 视图中，Cube 对象是一个 3D 模型，光源发出光线照射到模型上使其可见，摄像机对着 Cube 对象进行拍摄，摄到的画面则在 Main Camera 视口中显示。

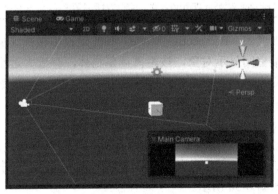

图 6-28　Scene 视图

用户可以调整 Scene 视图的视角，从不同角度观察场景中的对象。常用的操作方法见表 6-5。

表 6-5　Scene 视图常用的操作方法

名　称	作　用
移动	按住鼠标滚轮拖动，可以移动 Scene 视图中的观看位置
旋转	同时按住 Alt 键和鼠标左键拖动，可以在场景中沿着焦点位置旋转视角
缩放	转动鼠标滚轮，或同时按住 Alt 键和鼠标右键拖动，可以缩放视角
飞行浏览	按住右键将切换到 FlyThrough 模式，在该模式下用户可以以第一视角在场景中通过按 W、S、A、D 键向前、后、左、右 4 个方向漫游，若同时按下 Shift 键，可加快移动速度

Scene 视图上方有 Scene 视图工具栏，如图 6-29 所示，主要用于改变摄像机查看场景的方式，包括绘图模式、2D/3D 场景切换、场景光照、场景特效、网格显示等，其中主要工具的功能见表 6-6。其中，Gizmos 工具用于快速切换到预设的视角。单击该工具上的圆锥头，可以改变视角，如顶（Top）视图、底（Bottom）视图、前（Front）视图、后（Back）视图等。

图 6-29　Scene 视图工具栏

表 6-6　Scene 视图工具栏中主要工具的功能

工　具	功　能
Shaded	选择场景渲染模式，如 Wireframe（框线）、Shaded（遮阴）模式等
2D	切换 2D/3D 场景
（灯光图标）	切换场景中灯光（打开/关闭）。场景灯关闭后，会使用附着在摄像机上的灯光
（声音图标）	切换声音的打开/关闭
（特效图标）	切换天空盒、雾效、光晕的打开/关闭
Gizmos	显示或隐藏场景中的光源、声音、摄像机等对象的图标
All	按名字或类型查询匹配的对象，匹配的对象带颜色显示，其他对象灰色显示

场景的显示有透视模式（Perspective Mode）和等距投影模式（Isometric Mode）两种。前者会模拟真实的三维空间显示对象，按距离调整物体，有近大远小的效果；后者则使物体不随距离改变发生变化，主要用于等距场景效果，如 GUI 或 2D 游戏。用户可以单击场景 Gizmos 工具中心的小方块来切换这两种模式。

（2）Game 视图

Game 视图是预览模式。在该模式下，用户可以实时观看游戏设计的效果。Game 视图的上部有 Game 视图工具栏，用于控制 Game 视图显示的属性，如屏幕显示比例、当前游戏运行参数显示等，如图 6-30 所示。

图 6-30　Game 视图工具栏

Game 视图工具栏中主要工具的功能见表 6-7。

表 6-7　Game 视图工具栏中主要工具的功能

工　　具	功　　能
Display 1 ▼	选择要使用的摄像机，默认显示为 1
Free Aspect ▼	选择屏幕显示比例
Scale ●—— 1x	可调整缩放尺度，从而检查场景中的各个区域
Maximize On Play	切换按钮，用于控制在运行时是否将 Game 视图最大化

（3）Hierarchy 视图

在 Hierarchy 视图中，场景中的游戏对象以树状结构组织起来，因此对象之间可以有父子关系，子对象会继承父对象的移动和旋转路径。单击父对象前面的小三角按钮可以显示或隐藏其子对象。一个父对象可以有多个子对象。对父对象的操作会影响子对象；反之则不然，对子对象的操作不会影响其父对象。

在场景中添加的游戏对象按其生成顺序排列，后生成的游戏对象排在最前面，可能会遮住前面的游戏对象，但场景中添加的游戏对象会同时出现在 Hierarchy 视图，容易找到。在 Hierarchy 视图中选中一个游戏对象，该对象在 Scene 视图也会被选中。

Hierarchy 视图的主要操作是添加、删除游戏对象，建立游戏对象间的父子关系。

● 添加游戏对象：在视图空白处右击，在快捷菜单中选择要添加的游戏对象。

● 删除游戏对象：选中要删除的游戏对象，按 Delete 键，或右击，执行 Delete 快捷菜单命令。

● 建立父子关系：在视图中将一个游戏对象拖放至另一个游戏对象上，即可建立父子关系。

（4）Project 视图

Project 视图显示项目中的所有文件、脚本、贴图、场景、预制体、材质、动画等资源。这些资源都存放在 Assets 文件夹中。Unity 通常按资源类型在文件夹中存储资源文件。若要移动或重组项目资源，应在 Project 视图中进行，以避免破坏项目的完整性。

在 Project 视图中，双击项目中的文件，Unity 通常会启动相应的编辑器，编辑完成并保存后，修改后的内容被自动更新到项目中。Project 视图的快捷菜单中提供了创建和管理项目资源的各种命令。Project 视图还提供搜索功能，支持资源文件名的模糊查询。

（5）Inspector 视图

Inspector 视图主要用来显示和设置游戏对象的属性、添加组件。在 Scene 视图或 Hierarchy 视图中选中游戏对象，即可在 Inspector 视图中查看或设置该对象的属性。下面结合如图 6-31 所示的 Inspector 视图（Cube 对象），简要介绍该视图中的部分属性。

Transform（变换）组件：游戏对象的位置（Position）、旋转（Rotation）和缩放（Scale）属性。Transform 组件是每个游戏对象都包含的基础组件，用户可以通过这个组件对游戏对象的位置、大小、方向进行设置。

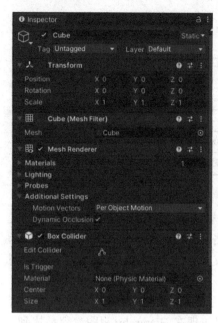

图 6-31　Cube 对象的 Inspector 视图

Mesh Filter（网格过滤器）：从资源中获取 Mesh（网格）并将其传递给网格渲染器。不同的游戏对象，其网格过滤器的名称和内容也不同，例如，图 6-31 中为 Cube(Mesh Filter)，即 Cube 对象的网格过滤器。

Mesh Renderer（网格渲染器）：在屏幕上进行渲染。

Material（材质）属性：设置游戏对象的颜色、贴图等信息。

Collider（碰撞体）组件：为防止游戏对象被穿透，需要为游戏对象添加碰撞体。不同的游戏对象，其碰撞体的名称和内容也不同，例如，图 6-31 中为 Box Collider，即 Box 碰撞体。

（6）Console 视图

Console 视图是 Unity 编辑器的调试工具。Unity 程序运行时，在 Console 视图中将显示程序生成的调试信息、警告或错误信息。Console 视图工具栏如图 6-32 所示。

图 6-32　Console 视图工具栏

主要工具说明如下。

- Clear：清除所有日志显示内容。
- Collapse：收缩、折叠。将所有重复的日志折叠起来。
- Error Pause：暂停。脚本出现错误时暂停游戏。
- Editor：选择每次项目重新运行时是否重置日志显示内容。

3. 资源管理

3D 场景应用往往建立在资源的基础之上。Unity 应用开发者可以通过 Unity 的资源商店（Asset Store）获取各种资源，如人物模型、动画、粒子特效、音频特效、纹理、扩展插件等。用户也可以在资源商店中出售或免费提供自己的资源。

用户可以通过浏览器直接访问资源商店，也可以在 Unity 编辑器中通过执行"Window｜Asset Store"菜单命令访问资源商店。下面我们通过一个例子介绍从资源商店导入资源到 Unity 编辑器中的方法。

【例 6-7】　从资源商店导入资源。

1）在 Unity Hub 中新建 3D 项目 Motions。在 Unity 编辑器中执行"Window｜Asset Store"菜单命令，则系统默认浏览器会打开资源商店主页。

2）在资源商店主页搜索框输入"Basic Motions FREE"并按回车键，找到的资源如图 6-33 所示。单击资源右下方"添加至我的资源"按钮。若用户已经登录（否则需用 Unity

账户登录资源商店），则出现如图 6-34 所示的服务协议条款。单击"接受"按钮，则选中的免费资源会被添加到用户资源列表中。

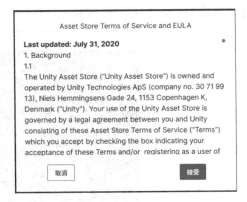

图 6-33　Basic Motions FREE 资源　　　　图 6-34　服务协议条款

3）接着页面上会弹出图 6-35 所示的提示框，用户可以单击"在 Unity 中打开"按钮在 Unity 编辑器中打开 Package Manager（包管理器），也可单击"转到我的资源"按钮打开"我的资源"网页查看已购买的资源列表。

图 6-35　页面提示框

4）回到 Unity 编辑器，执行"Window | Package Manager"菜单命令打开 Package Manager，如图 6-36 所示。在 Package 下拉列表中选择 My Assets，进而选择新添加的 Basic Motions FREE 资源包，在右侧页面中单击右下角的 Download 按钮启动资源下载。

图 6-36　添加了 Basic Motions FREE 资源包

5）资源下载完成后，Download 按钮消失，变为 Import 按钮和 Re-Download 按钮。单击 Import 按钮，打开如图 6-37 所示的对话框，可以根据需要勾选部分选项，或单击 All 按钮全部勾选，单击 Import 按钮将资源导入项目。

图 6-37　导入资源

6）资源导入后，在 Project 视图的 Assets 文件夹中将出现 Kevin Iglesias 文件夹，在其 Basic Motions 子文件夹中双击 Basic Motions-Scene.unity 文件打开场景，单击工具栏中的 Play 按钮运行游戏，可观察到角色人物进行各种动作的动画，如图 6-38 所示。

图 6-38　Basic Motions 的动画效果

Unity 的资源商店中汇集了丰富的插件资源和游戏素材资源。用户在项目中直接导入并利用这些资源，可以节省时间，提高效率。另外，资源商店也能为用户提供技术支持，并允许用户发布自己的 Unity 作品。

Unity 项目的资源都保存在文件夹中。用户可以执行"Assets | Export Package"菜单命令导出选中文件夹中的资源生成资源包，然后在其他项目中执行"Assets | Import Package | Custom Package"菜单命令导入。

6.3.3　基本 3D 场景应用开发

Unity 有多种创建场景动画的机制，如物理引擎、粒子系统、动画系统、脚本等，下面结合具体的实例介绍这些动画机制的原理及其创建场景应用的方法。

1. 物理系统

Unity 内置的 PhysX 引擎是目前使用最为广泛的物理引擎。开发者可以利用物理引擎高效、逼真地模拟刚体碰撞、车辆驾驶、布料质感、重力作用等物理效果，使制作的场景动画更加真实、生动。

在例 6-6 中，球体被添加了刚体组件后，就具有了刚体的物理属性，如受重力影响下落、不与其他物体重叠等。这些特性由 Unity 的物理引擎系统支持。物理引擎系统提供一系列组件，可以在场景中进行真实的物理属性的模拟。这些物理属性包括重力、摩擦力、碰撞力等。Unity 的物理引擎系统包含的组件有 Rigidbody（刚体）、Collider（碰撞体）、Constant Force（力场）、Joint（关节）、Cloth（布料）、Character Controller（角色控制器）等。下面我们在例 6-6 的基础上，进一步了解物理引擎系统的功能与特点。

【例 6-8】 改进小球自由落体动画。

1）创建 3D 新项目 ColorBall，在场景中创建 Sphere（小球）、Plane（地面）和一个 Cube（方块）对象。选中小球，在 Inspector 视图的 Transform 组件中修改 Position 的 Y 值为 10。执行"Component | Physics | Rigidbody"菜单命令为小球添加 Rigidbody 组件。

2）在 Project 视图中单击 Assets 文件夹，在右侧显示的文件夹空白处右击，执行"Create | Material"快捷菜单命令，创建材质文件，命名为 Red。选中该文件，在 Inspector 视图中单击 Main Maps 下 Albedo 右侧的颜色块，在弹出的 Color 对话框中选择红色，如图 6-39 所示。将生成的材质拖放到小球上，小球变为红色。采用同样方法生成一个绿色材质和一个蓝色材质，分别赋予地面和方块。

图 6-39　选择红色

3）单击 Play 按钮运行场景动画，可以观察到小球自由下落落到方块之上。选中方块，在 Inspector 视图的 Box Collider 中勾选 Is Trigger，将其碰撞体改成触发器。再次运行动画，可以观察到小球落下并嵌入方块中。去掉 Is Trigger 的勾选，给方块添加 Rigidbody 组件，再次运行动画，可观察到小球落到方块上会稍微反弹一下，然后慢慢滚落到地面上，并沿着地面滚动，最后从地面边缘跌落不见。

这个例子说明，几何体包围着碰撞体，可以阻止游戏对象互相穿透。为游戏对象添加刚体组件后，其就会具有一些物理属性，如受重力影响、有弹性等。用户可以通过设置这些属性，改变游戏对象的动力学特性。例如，在小球 Inspector 视图的 Rigidbody 组件勾选 Use Gravity，则小球就变为受重力影响了。

如果要仔细观察小球的运行情况，则需要调整摄像机的位置或角度。一种简单的方法是直接调整好场景视角，然后右击摄像机，执行"Align With View"快捷菜单命令，则系统将当前场景视角设为摄像机视角。

2. 粒子系统

粒子系统是游戏设计的一个重要组成部分，如模拟爆炸产生的烟雾，枪炮发射的火焰等。Unity 采用 Shuriken 粒子系统制作粒子效果。该系统采用模块化管理，配合曲线编辑器，使用户能够很容易地创作各种复杂的特效。从原理上来讲，粒子系统就是产生一定数量的粒子对象，通过设置粒子的大小、数量、运行速度、方向、颜色等各种参数来控制粒子的效果。

【例 6-9】 制作一个简单的爆炸粒子效果。

1）创建 3D 项目 Explosion。执行"GameObject｜Effects｜Particle System"菜单命令创建一个粒子系统对象，命名为 Spark，则显示 Particle Effect 面板，如图 6-40 所示。

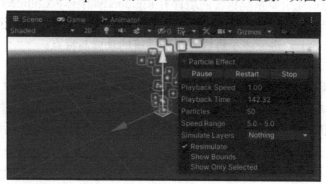

图 6-40　粒子特效

2）在 Hierarchy 视图中选中 Spark 对象，在 Inspector 视图中对粒子系统的参数进行设置。设置粒子的 Duration 为 2，Start Lifetime 为 2。单击 Start Speed 右侧的下三角按钮，选择 Random Between Two Constants，将两个数值分别设置为 50 和 200；采用同样方式，将 Start Rotation 设置为-180 和 180。设置 Max Particles 为 100，如图 6-41（a）所示。

3）在 Inspector 视图中勾选 Limit Velocity over Lifetime，将其展开，单击 Speed 右侧的下三角按钮，选择 Curve，然后在下方的编辑区中调整曲线来控制粒子在生命周期内的速度限制及变化方式。右击红色曲线上的一点，执行"Add Key"快捷菜单命令，添加控制点，可以用鼠标拖动控制点来调整曲线形状，制作爆炸的粒子快速发射并停顿的效果，如图 6-41（b）所示。

4）在 Inspector 视图中选中 Emission，并将 Rate over Time 设置为 2000，使 Spark 对象发射的速度变快。勾选 Size over Lifetime，并将其展开，选中绿色的曲线，在下方的编辑区中添加控制点并调整曲线形状，控制粒子在生命周期内大小的变化，如图 6-41（c）所示。

5）在场景中可直接观察到粒子爆炸效果。将 Hierarchy 视图中的 Spark 对象拖动到 Project 视图的 Assets 文件夹中，则生成预制体文件 Spark.prefab。

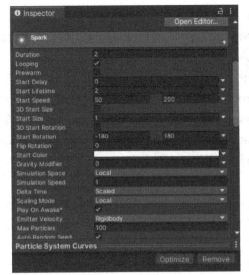

（a）粒子系统部分参数设置

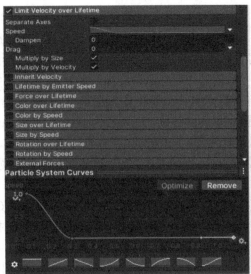

（b）Limit Velocity over Lifetime

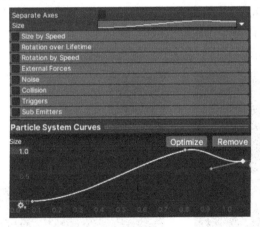

（c）Size over Lifetime

图 6-41　Spark 对象的参数设置

预制体（Prefabs）是一种可重复使用的资源类型。将预制体拖入场景，就创建了一个实例。该实例与原预制体是关联的，更改预制体，所有实例都会被同步修改。预制体可以提高资源的利用率，也能提高开发效率。理论上需要多次使用的对象都应该制作成预制体。

3. 导航与路由

导航网格是 3D 游戏中用于实现动态物体自动寻路功能的一种技术，它将场景中复杂的结构关系简化为带有一定信息的网格，并在这些网格的基础上通过一系列计算来实现自动寻路功能。Unity 的导航网格系统可以根据用户所编辑的场景内容自动生成用于导航的网格。用户只需要将导航组件挂接到导航对象上，导航对象就会根据目标位置寻找符合条件的路径，并沿着该路径行进到目标位置。下面通过一个导航实例介绍 Unity 的导航与路由的原理和方法。

【例 6-10】 用导航功能制作小猫寻食动画。

1）创建项目，导入资源包。创建 3D 项目 Navigation。导入 Free chibi cat 和 Cactus Pack 资源包到项目中。该资源包可以从资源商店导入。

2）创建导航对象和目标。在 Project 视图中，打开 Assets/CactusPack/Prefabs 文件夹，先将预制体 VertexPlane 拖入场景中，命名为 Ground。然后将 Cactus_Leafy_05 拖入场景中，放置在 Ground 对象上，命名为 Target。打开 Assets/Ladymito/Free_cat/Prefabs 文件夹，将预制体 cat（小猫）拖入场景中，命名为 Cat。选中 Cat 对象，在 Inspector 视图中修改其 Transform 组件的 Scale 值均为 3，将小猫放大 3 倍。在场景中调整 Cat 对象和 Target 对象的位置，使其大致位于 Ground 对象的两端。

3）布置场景，设置障碍。继续从 Assets/CactusPack/Prefabs 文件夹中随意拖入一些石块、植物的预制体布置场景，放置到 Ground 对象之上，尽量在 Cat 对象和 Target 对象之间放一两个稍大的植物或石块作为障碍。

4）设置导航方式和导航网格。在场景选中 Ground 对象，单击 Inspector 视图右上角的 Static 下拉按钮，在弹出的下拉列表中选择 Navigation Static，设置导航静态属性。执行 "Window｜AI｜Navigation" 菜单命令，则在 Inspector 视图右侧打开 Navigation 视图，如图 6-42 所示。在该视图中切换至 Bake（烘焙）选项卡，单击 Bake 按钮产生导航网格（蓝色网格线），如图 6-43 所示。

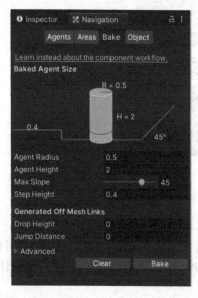

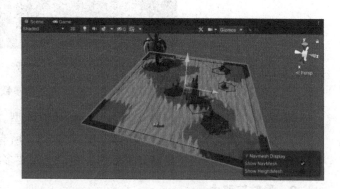

图 6-42 Navigation 视图中的 Bake 选项卡　　　　　　　图 6-43 导航网格

5）设置导航组件。在 Hierarchy 视图中选中 Cat 对象，执行 "Component｜Navigation｜Nav Mesh Agent" 菜单命令为 Cat 对象添加导航组件。

6）创建自动导航脚本。在 Project 视图中打开的 Assets 文件夹空白处右击，执行 "Create｜C# Script" 快捷菜单命令，创建 C#脚本，命名为 CatNav。将 CatNav 脚本拖放到 Hierarchy 视图的 Cat 对象之上。双击 Assets 文件夹中的 CatNav.cs 脚本文件，在打开的编辑器中修改其代码如下：

```
using System.Collections;                    //命名空间
using System.Collections.Generic;
using UnityEngine;
using UnityEngine.AI;
public class CatNav : MonoBehaviour          //CatNav 类
{
    public Transform targetObject;           //导航对象关联变量
    void Start()                             //启动方法
    {
        if (targetObject != null)
        {//设定导航目标位置
            GetComponent<NavMeshAgent>().destination = targetObject.
position;
        }
    }
}
```

上述代码中定义了一个 Transform 类型的公共变量 targetObject，用于绑定场景中的导航对象 Cat，并将导航对象的目的地设置为目标对象的当前位置。

7）绑定目标对象。打开 Cat 对象的 Inspector 视图，将 Hierarchy 视图中的 Target 对象拖放到 CatNav 脚本组件的 TargetObject 属性框中，使 Target 对象与脚本中的 targetObject 变量绑定。

8）调整摄像机、运行程序。调整好场景视角，使用户能同时观察到 Cat 和 Target 对象。右击 Hierarchy 视图中的 Main Camera，执行"Align With View"快捷菜单命令，使摄像机观察到的视图与 Scene 视图一致，单击 Play 按钮播放动画，可以观察到场景中小猫会从原位置绕过障碍，移动到目标点后停下。

本例创建了一段 C#脚本，将其附着在游戏对象上，在播放动画时会自动执行。该脚本的作用是为导航对象设置导航目标。游戏对象可以与脚本代码中的 public 类型变量绑定，从而使代码能控制游戏对象的行为。本例中，Cat 对象与 Target 对象间有障碍，系统为小猫计算出一个绕过障碍的合适路由到达目标点，完成自动导航。

4. 动画系统

Mecanim 是 Unity 提供的丰富而精密的动画系统，其主要功能和特性如下。

● 为动画制作提供简易的、基于动画剪辑（Animation Clips）的工作流机制，支持人形动画重定向功能，可以将一个角色模型的动画应用于另一个角色模型。

● 提供管理动画间复杂交互作用的可视化编程工具，可通过不同逻辑来控制身体不同部位的运动。

● 支持分层和遮罩功能。

Unity 支持三种动画类型：传统（Legacy）动画、通用（Generic）动画和人形（Humanoid）

动画，其中，Legacy 是旧版的传统动画类型，Generic 为不包含人形动画的动画类型，Humanoid 则是专门为人物角色设置的动画类型。人形骨架是游戏领域广泛采用的一种骨架结构。由于大多数人物角色的骨架结构相似，用户可以容易地将动画效果从一个人形骨架映射到另一个人形骨架之上，实现动画重定向。若选用 Humanoid 动画类型，系统将创建骨架映射，并开启人形动画的相关设置。这种将角色模型的骨骼结构绑定动画系统以简化人形骨骼结构的映射关系称为 Avatar（阿凡达），是系统操控角色模型进行各种动作的基础。

Unity 中与动画相关的组件主要包括 Avatar、Animator、Animator Controller（动画控制器）和 Animation Clip。其中，Avatar 通过配置文件保存人形骨架结构的映射、肌肉关节活动范围的定义等。Animator 则是每个要产生动画效果的游戏对象必须添加的组件，它调用动画控制器来组织和控制一系列 Animation Clip 的播放。Animation Clip 是 Unity 动画系统的核心元素之一，它可以从外部导入（通常为 FBX 格式的文件包），也可以在动画编辑器中创建。动画剪辑的文件扩展名为.anim。

动画控制器通过状态机的机制来控制和序列化角色动画。一个角色在特定时刻或条件下会进行某种动作，如移动、奔跑、跳跃等，这些动作被称为状态。动画控制器控制这些状态的过渡条件，使角色在这些状态之间合理转换，形成动画。状态机的引入有效减少了制作动画所需的代码量。

下面我们通过一个实例介绍这些对象的用法及 Mecanim 动画的制作方法。

【例 6-11】 制作动画剪辑和人形角色动画。

1）创建项目、导入资源

创建 3D 项目 Jumper。执行"Windows｜Package Manager"菜单命令打开包管理器，在 Packages 下拉列表中选择 My Assets，进而选择 Basic Motions FREE 资源包（例 6-7 中下载），单击 Import 按钮将资源导入项目，并在 Project 视图中选择 Assets/Kevin Iglesias/Basic Motions/Models 为当前文件夹。

2）创建动画剪辑

在默认场景中执行"GameObject｜3D Object｜Plane"菜单命令创建 Plane 对象作为地面。执行"GameObject｜3D Object｜Sphere"菜单命令创建 Spherc 对象作为球体。使用移动工具拖动 Sphere 对象到 Plane 对象右边缘的中间位置，并向上移动，使球体刚好立于地面之上；按住 Alt 键拖动以调整场景，使地面与球体位置如图 6-44 所示。

图 6-44　场景中地面与球体的位置

在场景中选中 Sphere 对象，执行"Window｜Animation｜Animation"菜单命令打开动

画编辑窗口,如图 6-45 所示。单击 Create 按钮为 Sphere 对象创建 Animator 和 Animation Clip,在出现的对话框中修改动画剪辑文件名为 MoveBall 并保存。

图 6-45　动画编辑窗口

单击动画编辑窗口左侧区域中的 Add Property 按钮,展开右侧列表中的 Transform 项,单击 Position 右边的 "+" 按钮,添加用来制作动画的 Position 属性,如图 6-46 所示。单击左上方的 ◆▌（Add Keyframe）按钮添加关键帧（代表关键帧的菱形变蓝）,在刻度条上拖动时间线到刻度 60（帧）处,在场景中将 Sphere 对象移动到 Plane 对象左边,再次单击 Add Keyframe 按钮添加关键帧,如图 6-47 所示。

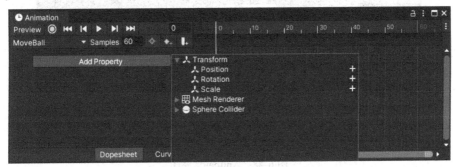

图 6-46　添加用于产生动画的属性

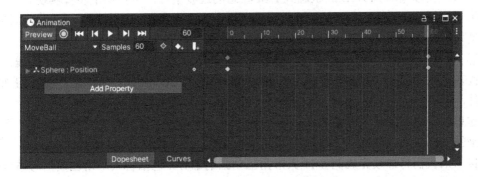

图 6-47　添加 Position 属性的动画编辑窗口

此时,单击动画编辑窗口左侧区域中的 ▶ 按钮,可观察到时间线在两个关键帧之间移动的同时,Sphere 对象在场景中从右到左移动。

至此，我们为 Sphere 对象创建了一个动画剪辑 MoveBall，这是一段有两个关键帧的补间动画，补间帧由系统自动产生。Samples 设置为 60fps。此时，Models 文件夹中生成了动画剪辑文件 MoveBall.anim 和动画控制器文件 Sphere.controller。

本例仅用位置属性的变化实现了动画。可用于实现动画的属性还包括旋转、缩放、材质颜色、精灵等。

双击 Models 文件夹中的 Sphere.controller 文件，则在 Game 视图右侧打开一个 Animator 视图，如图 6-48 所示。可以看到动画控制器 Sphere.controller 包含 Entry、Exit、Any State 和 MoveBall 共 4 种状态，其中从 Entry 状态到 MoveBall 状态之间有连线。前 3 种状态是特殊状态：Entry 是动画入口状态，Exit 是结束状态，Any State 是所有状态的代表。例如，如果从 Any State 状态到状态 S 有连线，条件为 c，则等同于所有状态都与状态 S 连了一条条件为 c 的连线。显然，使用 Any State 状态可以简化连线的个数。状态之间的有向连线表示动画过渡。右击状态，执行"Make Transform"快捷菜单命令，然后将连线拖至要过渡为的状态即可创建动画过渡。状态之间的过渡条件通过设置动画过渡参数实现。

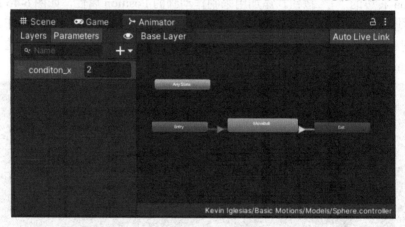

图 6-48　Animator 视图

例如，要添加从 MovcBall 状态到 Exit 状态的过渡条件，可按如下步骤实现。

① 在 Animator 视图的 Parameters 选项卡中单击右上角的"+"按钮，选择要添加的参数类型为 Int，修改参数名为 condition_x，参数初值为 2。

② 右击 MoveBall 状态，执行"Make Transform"快捷菜单命令创建一个连线，单击 Exit 状态完成连接。单击选中连线，在 Inspector 视图的 Conditions 中单击"+"按钮创建一个条件，选择参数为 condition_x，选择关系为 Equals，输入参数值 2。

这里由于过渡条件触发值与默认参数值相同，所以这个过渡条件总能够满足，不会影响原来的动画效果。通常，过渡条件可用脚本修改，用来控制动画片段的播放顺序。

接下来我们将继续完成例 6-11 人形角色动画的部分，包括将人形角色模型与系统内部人形骨架进行匹配，为人形角色模型添加动画控制器，最终完成动画。

3）配置 Avatar

在 Project 视图的 Assets/Kevin Iglesias/Basic Motions/Models 文件夹中选中 BasicMotions DummyModel.fbx 文件，在 Inspector 视图中切换至 Rig 选项卡，如图 6-49 所示。Configure

按钮前面的"√"说明 Avatar 已经配置好。若未配置好 Avatar，可按图 6-49 设置 Animation Type 和 Avatar Definition，单击 Apply 按钮进行配置。

即使 Avatar 已经配置好，也需要通过单击 Configure 按钮进入 Avatar 映射界面，观察模型与系统内部骨架的映射关系，在 Mapping 或 Muscles & Settings 面板中单击 Done 按钮确认映射完成。若匹配不成功，界面上会有相应的提示。

4）制作人形角色动画

将已配置好 Avatar 的模型文件 BasicMotionsDummyModel.fbx 拖放到 Hierarchy 视图中，在 Inspector 视图中将其改名为 Jumper，并将其移动到地面中心位置。打开 Assets/Kevin Iglesias/Basic Motions/AnimationControllers 文件夹，在 Hierarchy 视图选中 Jumper 对象，将 BasicMotions@Jump.controller 文件拖入 Animator 组件的 Controller 框中，为 Jumper 对象添加动画控制器，如图 6-50 所示。

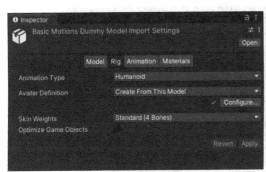

图 6-49 配置 Avatar

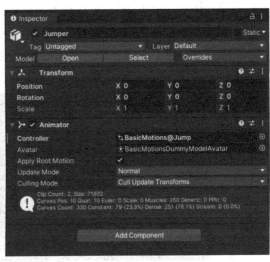

图 6-50 为 Jumper 对象添加动画控制器

5）播放动画

单击 Play 按钮播放动画，可以观察到，球体在地面上快速移动，小人跳跃躲避球体，如图 6-51 所示。由于两者触发时间不匹配，小人不是每次都能成功躲避。

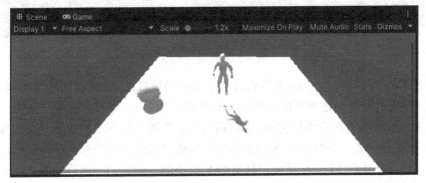

图 6-51 动画播放效果

本例在一个场景中制作了一个动画剪辑和一段人形角色动画，由于人形角色动画的帧动画制作比较烦琐，本例中直接利用了资源包中的 BasicMotions@Jump 动画控制器，将其应用到人形角色模型之上，实现了跳跃动作。

Unity 也能制作传统的 2D 动画。下面通过一个实例介绍 2D 动画的制作方法和特点。

【例 6-12】 制作小狗与鸽子的 2D 动画。

1）使用 Unity Hub 创建 2D 项目 DogPigeon。在 Project 视图的 Assets 文件夹下创建 Dog、Pigeon 和 Scripts 三个文件夹。将 16 张小狗连续动作的序列图像拖入 Dog 文件夹中，将 Pigeon.png 拖入 Pigeon 文件夹中。将这些图像拖入项目中后，系统自动将其转换为 Sprite（精灵）。

2）选中 Pigeon.png，在 Inspector 视图中，Texture Type 选择 Sprite（2D and UI），Sprite Mode 选择 Multiple，单击 Sprite Editor 按钮启动 Sprite Editor（精灵编辑器）。单击 Slice 右侧的下三角按钮，弹出 Slice 下拉列表，Type 选择 Grid By Cell Count，在 Column & Row 中设置 C 为 8，R 为 1，即 8 列 1 行，如图 6-52 所示。单击 Slice 按钮分割精灵，可以观察到，原图被分割成了 8 张小图。关闭 Slice 下拉列表，在弹出对话框中单击 Save 按钮保存分割图。可以在 Pigeon 精灵上单击小黑三角查看生成的 8 张分割图，如图 6-53 所示。

图 6-52　精灵分割界面

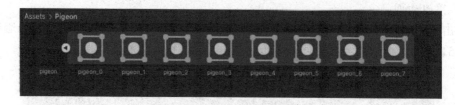

图 6-53　精灵分割图

3）打开 Dog 文件夹，按 Ctrl+A 组合键选中其中的所有图形，拖动这些图形到 Hierarchy 视图中，在弹出的动画创建对话框中输入动画剪辑名称 Dog，单击"保存"按钮，将在 Dog 文件夹下生成动画剪辑和动画控制器。将 Hierarchy 视图中新生成的游戏对象改名为 Dog。选中 Dog 对象（小狗），在场景中拖动小狗的包围框将其调整为合适大小。同理，按住 Ctrl 键的同时，依次单击用 Pigeon 精灵切割出的 8 张小图，将它们一起拖动至 Hierarchy 视图中生成鸽子的游戏对象，改名为 Pigeon。

4）选中 Dog 游戏对象，在 Inspector 视图中单击 Add Component 按钮添加一个 Box Collider 2D 组件和一个 Rigidbody 2D 组件。设置 Rigidbody 2D 组件的 Gravity Scale 属性值为 0。选中 Pigeon 对象，给它添加 Box Collider 2D 组件。

5）右击 Scripts 文件夹，执行"Create C# Script"快捷菜单命令，创建脚本 DogController，修改其代码如下：

```
using System.Collections;
using System.Collections.Generic;
using UnityEngine;
public class DogController : MonoBehaviour //DogController 类
{
    public GameObject dog;                    //与 Dog 对象关联的变量
    public GameObject pigeon;                  //与 Pigeon 对象关联的变量
    private float speed = 2;                   //设置速度参数
    void Start()
    {
        Dog.transform.position = new Vector3(-10f,0f,0f); //小狗初始位置
        pigeon.transform.position = new Vector3(8f,0f,0f);//鸽子初始位置
    }
    void Update()
    {
        if (dog.transform.position.x < 10) //超过限定位置
        {
            //根据速度和时间的乘积向横轴正向移动
            dog.transform.Translate(speed * Time.deltaTime, 0, 0);
        }
        else
        {
            //恢复小狗的初始位置
            dog.transform.position = new Vector3(-10f, 0f, 0f);
        }
    }
    void OnCollisionEnter2D(Collision2D col)  //碰撞事件处理
    {
        if ((col.gameObject.name.Equals("Pigeon")))//与鸽子碰撞
        {
            //改变鸽子的位置，沿纵轴向上移动 3 个单位
            pigeon.transform.position = new Vector3(8f, 3f, 0f);
        }
    }
}
```

6）拖动脚本 DogController 到 Hierarchy 视图中的 Dog 对象之上。选中 Dog 对象，将 Dog 对象和 Pigeon 对象拖放到 Inspector 视图中脚本组件的 Dog 和 Pigeon 选框内。单击 Play 按钮播放动画，可以观察到小狗向鸽子奔跑，两者接触碰撞后，鸽子飞起到高处躲避，如

图 6-54 所示。

在本例中，由于两个游戏对象都设置了碰撞体，一个设置成刚体，两者碰撞将触发事件，然后使用脚本代码调整鸽子的位置，使鸽子能躲避小狗。本例中使用了一种 Sprite 资源类型。所有的 2D 图形都称为精灵。Unity 将图形转换精灵后，可作为纹理贴图使用，方便管理与使用。

图 6-54　2D 动画效果

5．图形用户界面

Unity 图形用户界面（Unity Graphical User Interface，UGUI）是一套比较成熟的界面系统。UGUI 支持菜单、工具栏、标签、按钮、输入框、图像等常用 UI 元素，可以为场景应用快速构建图形用户界面。

在 UGUI 中，画布（Canvas）是所有 UI 组件的根节点，脱离了画布的 UI 组件就不再可用了。画布有两种创建方式：通过"GameObject｜UI｜Canvas"菜单命令创建，在场景中创建第一个 UI 组件时自动创建。创建画布时，系统会自动创建一个 EventSystems 组件。画布有三种渲染模式：

● Screen Space-Overlay：画布适应屏幕大小。
● Screen Space-Camera：摄像机跟随画布，两者距离固定，画布总是在摄像机前面。
● World Space：画布在场景中作为一个普通对象。

下面以 Screen Space-Camera 渲染模式为例，通过一个登录界面的设计和实现，介绍 UGUI 界面的设计方法。

【例 6-13】 制作场景动画的登录界面。

1）在 Window 资源管理器中将包含已完成项目 ColorBall 的文件夹复制一份，改名为 Login，在 Unity Hub 的项目面板单击"添加"按钮，在出现的对话框中选中 Login 文件夹，将其添加到项目列表中。打开新添加的 Login 项目。

2）在 Unity 编辑器中执行"File｜New Scene"菜单命令，在图 6-55 所示的新建场景界面中选择 Basic（Built-in）模板，单击 Create 按钮创建新场景。新场景命名为 LoginScene，保存到 Scene 文件夹中。

3）执行"GameObject｜UI｜Canvas"菜单命令，创建 Canvas 对象。选中 Canvas 对象，执行"GameObject｜UI｜Panel"菜单命令，在画布上创建 Panel 对象。

4）将 Windows 自带的图形文件 Winter.jpg（可任选其他图形）拖入 Project 视图的 Assets

文件夹中。选中拖入的文件，在 Inspector 视图中，Texture Type 选择 Sprite（2D and UI），单击 Apply 按钮将图形转换为精灵。在 Hierarchy 视图中选中 Canvas 对象的子对象 Panel，将 Winter 精灵拖放到 Inspector 视图的 Source Image 框中。此时，图形显示在 Panel 对象上。

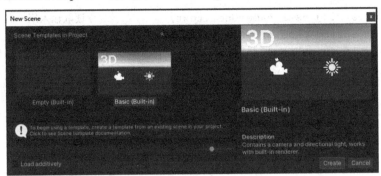

图 6-55　新建场景界面

5）执行"Object Game | Camera"菜单命令新建一个摄像机。选中 Canvas 对象，在 Inspector 视图的 Canvas 中将 Render Mode 设定为 Screen Space-Camera，将新建的 Camera 对象拖入 Render Camera 框中。

6）在场景中调整视角，在 Panel 对象上添加 2 个 Text 对象、2 个 InputField 对象和 1 个 Button 对象，修改各对象的文字、布局，如图 6-56 所示。

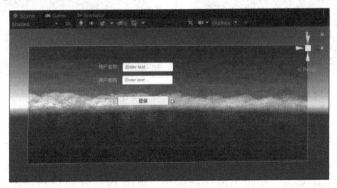

图 6-56　登录界面设计

7）在 Project 视图中打开 Assets 文件夹，在空白处右击，执行"Create | C# Script"快捷菜单命令，创建脚本，命名为 Login，修改其代码如下：

```
using System.Collections;
using System.Collections.Generic;
using UnityEngine;
using UnityEngine.UI;
using UnityEngine.EventSystems;
using UnityEngine.SceneManagement;        //导入场景管理包
public class Login : MonoBehaviour         //Login 类
{
```

```
    public InputField User;                    //用户名输入框关联变量
    public InputField Password;                //用户密码输入框关联变量
    public void LoadScene()                    //定义一个装入场景的方法
    {
        string user_name=User.text;            //读取输入用户名
        string password=Password.text;         //读取输入密码
        if (user_name == "admin" && password == "1234")//验证用户
        {
            SceneManager.LoadScene("SampleScene");//装入新场景
        }
    }
}
```

8）执行"GameObject | Create Empty"菜单命令创建一个空游戏对象，将其改名为 Program。将脚本 Login 拖放到 Hierarchy 视图的 Program 对象上。选中 Program 对象，将两个 InputField（输入框）对象依次拖放到 Inspector 视图中的 Login（Script）组件的 User 和 Password 框中，使输入框与脚本中的公共变量相关联，如图 6-57 所示。在 Hierarchy 视图选中 Button 对象，在 Inspector 视图中的 Button 组件的 On Click 下单击"+"按钮，把 Program 对象拖放到其委托对象中，在其右边的方法下拉列表中选择脚本 Login 的 LoadScene 方法，作为"登录"按钮的事件处理方法，如图 6-58 所示。

图 6-57　输入框与脚本中的公共变量相关联　　　　图 6-58　"登录"按钮的单击事件处理方法

9）执行"File | Build Settings"菜单命令，在 Build Settings 对话框中单击 Add Open Scenes 按钮添加当前场景到 Scenes in Build 列表中。关闭对话框，在 Project 视图中双击 Scene 文件夹中的 SampleScene 场景，将其变成当前活动场景，用同样方法将其添加到 Scenes in Build 列表中。重新将 LoginScene 变成当前活动场景。单击 Play 按钮播放动画。在界面上输入用户名：admin，用户密码：1234，单击"登录"按钮，可以观察到，场景切换为 SampleScene 场景，开始播放 ColorBall 动画。

6. 脚本开发技术

脚本是用程序语言编写的一段指令，通过这些指令来控制游戏对象的行为。脚本要绑定到游戏对象上才能生效。编写 Unity 脚本是场景应用开发过程中的重要环节，也是实现用户与场景交互的主要手段之一。场景中的事件触发、游戏关卡的设计、各类角色的运动方式、游戏对象的创建和销毁等都可通过脚本实现。Unity 支持用 C#语言编写的脚本。事实上，我们已经在前面例子中使用了脚本。下面我们通过一个实例介绍 C#脚本的结构和运行方法。

【例 6-14】　用 C#语言编写一个 Hello World 脚本。

1）新建 3D 项目 HelloWorld，执行"GameObject | Create Empty"菜单命令在场景中创建一个空游戏对象 GameObject。

2）打开 Project 视图中的 Assets 文件夹，在空白处右击，执行"Create | C# Script"快捷菜单命令，创建一个脚本，命名为 HelloWorld。双击脚本，在编辑器中修改其代码如下：

```
using System.Collections;
using System.Collections.Generic;
using UnityEngine;
public class HelloWorld : MonoBehaviour        //HelloWorld 类
{
    int x, y;                                  //定义变量，保存字符串的屏幕坐标
    void Awake() { print("Game Loaded"); }     //在创建时调用，一般用于初始化
    void Start() {                             //第一次调用 Update 之前调用
        print("Game Started");                 //在控制台上输出字符串
        x = Screen.width / 2;                  //屏幕横向的中心
        y = 100;                               //显示字符串的纵向初始位置
    }
    void Update()                              //更新，每帧都调用一次
    {
        y = (y + 1) % Screen.height;           //修改纵向坐标，使字符串向下移动
    }
    void OnGUI()                               //持续调用，用于绘制交互界面
    {
        GUI.Label(new Rect(x , y, x+100, y+100), "Hello World!"); //在
Game 视图中显示字符串
    }
    void OnDestroy() { print("Game Over"); }//被销毁前调用一次
}
```

3）将脚本 HelloWorld 拖放到 Hierarchy 视图的 GameObject 对象上，单击 Play 按钮播放动画。在 Game 视图中可以看到有"Hello World"自上到下循环移动，Console 视图中的输出结果如图 6-59 所示。

上述代码中包含一个继承了 MonoBehaviour 类的 HelloWorld 类，其特定方法，如 Awake、Start、Update 等，在程序运行时会被系统回调。

图 6-59　Console 视图中的输出结果

观察程序及其输出可以确定，Awake、Start 和 OnDestroy 方法被依次回调一次，Update 和 OnGUI 方法会被回调多次。显然，程序中的 print 语句打印的字符串从控制台上输出，可以用来调试程序；GUI.Label 对象中包含的字符串在 Game 视图中显示。这里，OnGUI 方法提供了用代码动态生成 GUI 的方法。要编写更复杂的脚本，需要掌握以下相关知识。

（1）MonoBehaviour 类

在 Unity 中，任何要绑定到游戏对象上的脚本必须继承 MonoBehaviour 类。该类定义了一些回调方法，见表 6-8。这些方法在特定情况下被调用，实现特定的功能，但回调的顺序与频率各不相同。用户可以在这些方法中编写自己的代码。

表 6-8　MonoBehaviour 类的回调方法

方 法 名 称	用　途	说　明
Awake	脚本唤醒	只在脚本创建时调用一次，一般用于脚本初始化
Start	场景初始化	只在场景加载时调用一次，在 Awake 之后，Update 之前执行
Update	场景和状态更新	每帧调用一次，大部分游戏代码在这个方法里执行
OnGUI	绘制界面	用于绘制用户交互界面，每帧调用一次
OnDestroy	脚本销毁	脚本销毁是调用，可在此释放申请的内存

（2）常用脚本 API

在编写脚本时，常常需要调用一些系统定制的 API。这些 API 以类的形式提供，用户可以在引用其命名空间后使用。

① Vector3 类

Vector3 用来表示 3D 向量，在脚本中大量使用。通常，在程序中创建 Vector3 类的实例，再通过其属性或方法获取信息，例如：

```
Vector3 v= new Vector3(2f,4f,2.3f); //表示创建 3D 向量实例对象
float x=v.x;                        //表示获取向量 v 的 x 分量
v= Vector3.right;                   //表示世界坐标系横轴正方向上的单位向量
```

② Input 类

Unity 使用 Input 类获取用户的键盘或鼠标输入。Input 类有三种方法用于判断特定的键盘状态：若某个键一直处于按下状态，则 GetKey 在每帧中都返回 TRUE；若按下键，则 GetKeyDown 只在第 1 帧中返回 TRUE；若松开键，则 GetKeyUp 只在第 1 帧中返回 TRUE。常用按键的 KeyCode 编码见表 6-9。

表 6-9　常用按键的 KeyCode 编码

按 键 名 称	KeyCode 编码
字母键	A～Z
数字键	Alpha0～Alpha9
功能键	F1～F12
方向键	UpArrow、DownArrow、LeftArrow、RightArrow
退格、回车、空格、取消、制表键	Backspace、Return、Space、Esc、Tab
左右控制键	LeftShift、RightShift、LeftCtrl、RightCtrl、LeftAlt、RightAlt

鼠标事件包括移动、单击、双击等。Input 类常用的鼠标输入方法见表 6-10。

表 6-10　常用的鼠标输入方法

方 法 名 称	说　明
mousePosition	获得当前鼠标位置，返回一个表示位置的 Vector3 向量
GetMouseButton	根据参数判断特定鼠标键是否被按下，有键被按下将返回 TRUE，参数：0—左键，1—右键
GetMouseButtonUp	根据参数判断特定鼠标键是否被松开，松开键执行一次
GetMouseButtonDown	根据参数判断特定鼠标键是否被按下，只在第 1 帧中执行一次
GetAxis	根据参数得到 1 帧内鼠标指针在相关方向上移动的距离，参数：Mouse X—水平，Mouse Y—垂直

③ Time 类

使用 Time 类可从其成员变量获取与时间相关的信息，成员变量见表 6-11。

表 6-11　Time 类成员变量

变 量 名	说　明
Time.time	从游戏开始到现在所经历的时间，单位为 s
Time.timeSinceLevelLoad	当前帧的开始时间，单位为 s，从关卡加载完成开始计算
Time.deltaTime	上一帧耗费的时间，单位为 s
Time.frameCount	已渲染的帧数

④ Transform 组件

Transform 组件是每个游戏对象都有的组件，用于控制游戏对象在场景中的位置、旋转和缩放比例。用户可通过 Transform 组件的 position、rotation 和 lossyScale 属性获取对象的位置、旋转和缩放比例信息，并通过成员函数对对象进行各种操作。Transform 组件常用的成员函数见表 6-12。

表 6-12　Transform 组件常用的成员函数

变 量 名	说　明
Translate	按指定的方向和距离平移，如 transform.Translate(new Vector3(0,1,0)) 表示向纵轴正方向移动一个单位
Rotate	按指定的欧拉角旋转
LookAt	旋转自身，使其前端指向目标位置
Find	查找子对象
IsChildOf	判断对象是否是指定对象的子对象

在 Unity 中，脚本更像一种黏合剂，将游戏对象、场景、动画等元素整合成场景应用。为更好地介绍脚本编程，我们制作一个较完整的场景游戏，利用脚本实现各种常见功能。

【例 6-15】　制作小猫寻食游戏。

1）创建项目、导入资源

创建 3D 项目 CatEating。在 Project 视图的 Assets 文件夹中创建 Scripts 和 Audios 文件夹。将 Free chibi cat 和 Cactus Pack 资源包导入项目中。

2）创建场景，添加脚本

从项目文件夹 Assets/CactusPack/Prefabs 中将预制体 VertexPlane 拖入场景，命名为 Ground。在 Inspector 视图的 Transform 组件中修改其 Position，设置 X、Z 的值均为 0。将预制体 Cactus_Leafy_05 拖入场景，命名为 Food。将 Assets/Ladymito/Free_cat/Prefabs 文件夹中的预制体 cat 拖入场景，命名为 Cat。选中 Cat 对象，修改 Inspector 视图中的 Transform 组件的 Scale，设置 X、Y、Z 的值均为 5。在场景中调整 Cat 对象和 Food 对象的位置，使它们大致位于 Ground 对象的两端，小猫与食物的位置如图 6-60 所示。在 Hierarchy 视图中右击 Main Camera，执行"Align with View"快捷菜单命令，设置摄像机视口。

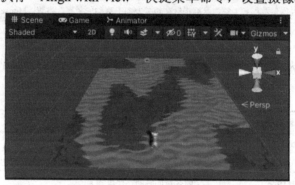

图 6-60　小猫与食物的位置

在 Scripts 文件夹中创建脚本 MoveController.cs，并将其拖放到 Cat 对象上。双击脚本，在编辑器中修改 MoveController 类的代码如下：

```
public class MoveController: MonoBehaviour
{
    private Vector3 step = Vector3.forward;      //定义小猫初始方向，前移
    private float t = 0f;                        //定时器变量
    void Update()
    {
    moveTo();
    t = t+Time.deltaTime;                        //游戏当前刷新时间
    if (t > 0.5f)
    {
        //沿着 step 确定的方向移动 1/5 个单位
        transform.position =transform.position+ step/5f;
        t = 0f;                                  //清零
    }
    }
    void moveTo()                                //确定移动方向
    {
    if(Input.GetKeyDown(KeyCode.W))              //W 键为前移
    {
        step=Vector3.forward;                    //向前
```

```
        } else if(Input.GetKeyDown(KeyCode.S))        //S 键为后移
        {
            step = Vector3.back;                       //向后
        }else if(Input.GetKeyDown(KeyCode.A))          //A 键为左移
        {
            step = Vector3.left;                        //向左
        } else if(Input.GetKeyDown(KeyCode.D))         //D 键为右移
        {
            step = Vector3.right;                       //向右
        }
    }
}
```

保存脚本并返回场景，单击 Play 按钮播放动画，可观察到场景中的小猫自动向前移动。这时用户可用 W、S、A、D 键控制小猫的移动方向。因为小猫在场景中一直移动，很快就会移出摄像机捕捉的范围，所以应让摄像机跟随小猫移动，并保持一定的距离。

3）摄像机跟随

在 Scripts 文件夹中创建脚本文件 FollowCat.cs，并将其拖放到 Main Camera 对象上。双击脚本，在编辑器中添加如下代码：

```
using System.Collections;
using System.Collections.Generic;
using UnityEngine;
public class FollowCat : MonoBehaviour
{
    public GameObject cat;                       //定义绑定 Cat 对象的变量
    private Vector3 distance;                     //定义距离变量
    void Start()
    {//计算小猫与摄像机的初始距离
        distance = transform.position - cat.transform.position;
    }
    void Update()
        {//让摄像机与小猫保持一定距离
            transform.position = Vector3.Lerp(transform.position,
                        cat.transform.position + distance, 0.1f);
        }
}
```

保存脚本并运行场景应用，可以观察到，摄像机一直跟随小猫拍摄，并保持原有的距离。

4）碰撞检测

小猫遇到食物时会吃掉它，这就需要进行碰撞检测。当小猫触碰食物时，应销毁食物并在随机位置生成一个新的食物。另外，场景中应添加一个显示标签，记录被小猫吃掉的食物数。

选中 Food 对象，在 Inspector 视图中单击 Add Component 按钮，在弹出的对话框中搜索并添加 Rigbody 组件，取消选中 Use Gravity。用同样方式添加 Box Collider 组件，勾选 Is Trigger，使其成为触发器。删除 Mesh Collider 组件（防止冲突）。选中 Cat 对象，给其添加 Box Collider 组件，修改该组件 Size 属性中的 X、Y、Z 值均为 0.2，使碰撞体的大小刚好与小猫相当。

在 Scripts 文件夹中创建名为 FoodController 的脚本，将其拖放到 Food 对象上。选中 Food 对象，在 Inspector 视图中找到 Food Controller（Script）组件，将 Food 对象拖入其 Food 框中。修改 FoodController.cs 代码如下：

```
using System.Collections;
using System.Collections.Generic;
using UnityEngine;
public class FoodController : MonoBehaviour        //FoodController 类
{
    public GameObject food;                         //与 Food 对象关联的变量
    private void OnTriggerEnter(Collider other)  //触发器进入事件回调方法
    {
        if (other.gameObject.name == "Cat")   //判断碰撞对象是否是 Cat 对象
        {
            Destroy(gameObject);                    //删除 Food 对象
            CreateNewFood();                        //调用产生新食物的方法
        }
    }
    void CreateNewFood()                            //产生新食物的方法
    {
        GameObject newFood = GameObject.Instantiate(food);//实例化
        float x = Random.Range(-7f, 7f);        //x 坐标值
        float z = Random.Range(-7f, 7f);        //z 坐标值
        newFood.transform.position = new Vector3(x, 0.5f, z);//新食物
    }
}
```

保存脚本并运行场景应用，用键盘控制小猫的移动。当小猫触碰食物时，食物消失，同时地面的某个地方会出现新的食物。

5）添加 GUI 和音效

导入 background.mp3、eat.mp3 和 over.mp3 音频文件到 Project 视图的 Assets/Audios 文件夹中。选中 Main Camera，执行 "Component | Audio | Audio Source" 菜单命令添加音效组件。在添加的 Audio Source 组件的 AudioClip 中选中 backgound 音频。用同样方法，给 Cat 对象添加 eat 音频，并取消选中 Play on Awake。在 MoveController.cs 脚本代码中为 MoveController 类添加如下代码：

```
    …
    public class MoveController : MonoBehaviour        // MoveController 类
```

```
{
    …
    private int count;                              //食物计数器
    private bool isOver;                            //游戏结束标志
    private AudioSource eatSource;
    void Start()
    {
        count = 0;
        isOver = FALSE;
        eatSource = GetComponent<AudioSource>(); //获取音效组件
    }
    void Update()
    {
        if (isOver) return;                         //如果游戏结束，返回
        …
    }
    private void OnTriggerEnter(Collider other) //检测到碰撞
    {
        if (other.gameObject.name == "Food")        //碰到食物
        {
            eatSource.Play();                       //播放吃食物音效
            count = count + 1;                      //吃掉 1 个食物，计数加 1
            if (count >= 5) isOver = TRUE;          //吃够 5 个食物，游戏结束
        }
    }
    …
    void OnGUI()                                    //绘制界面
    {
        GUIStyle style = new GUIStyle();            //字体样式对象
        style.fontSize = 20;                        //Score 字体大小
        style.normal.textColor = new Color(0, 255, 0);//字体颜色
        GUI.Label(new Rect(10, 10, Screen.width / 2, Screen.height / 2),
                "Score:" + count, style);           //游戏得分（食物数量）
        if (isOver)
        {
            style.fontSize = 100;                   //字体大小
            style.normal.textColor = new Color(255, 0, 0);
            GUI.Label(new Rect(Screen.width/4, Screen.height/2,
                        Screen.width/4, Screen.height/2),
                        "Game Over!", style); //Game Over
        }
        if (GUI.Button(new Rect(Screen.width-100,10,90,20),"Exit"))
                                                    //退出按钮
        {
            isOver = TRUE;
```

```
        Application.Quit();                      //退出场景应用
      }
    }
  }
```

运行场景应用，背景音乐开始播放。小猫吃到食物时会有音效，同时场景左上角的分数加 1。小猫吃满 5 个食物，或单击 Exit 按钮，游戏结束，如图 6-61 所示。

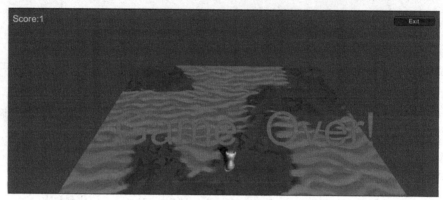

图 6-61　游戏结束

要更好地控制音效，使其能在游戏结束时停止播放背景音效，改为播放游戏结束音效，可添加 GameController 脚本，将其拖放到 Main Camera 游戏对象上，并将 Audios 文件夹中的 over.mp3 音频拖放到该脚本组件的 Over Clip 框中，与脚本中的变量相关联。选中 Cat 对象，在 Inspector 视图的 Tag 列表框中添加一个新 Tag：GoldCat，并将它作为 Cat 对象的 Tag，以方便在脚本中访问。GameController 脚本的代码如下：

```
using System.Collections;
using System.Collections.Generic;
using UnityEngine;
public class GameController : MonoBehaviour // GameController 类
{
    public AudioClip overClip;                  //与游戏结束音效关联的公共变量
    private AudioSource backgroundMusic;         //背景音效组件
    private GameObject cat;                      //游戏对象变量
    private MoveController moveController;        //脚本变量
    void Start()                                 //开始
    {
        cat = GameObject.FindGameObjectWithTag("GoldCat"); //根据 Tag 找对象
        moveController = cat.GetComponent<MoveController>();//获取对象脚本
        backgroundMusic = GetComponent<AudioSource>();      //获取音效组件
    }
    void Update()                                           //更新
    {
        if (moveController.isOver)
```

```
    {
        if (backgroundMusic.isPlaying)              //判断是否在播放背景音效
        {
            backgroundMusic.Stop();                 //停止播放背景音效
            //在摄像机的位置播放游戏结束音效
            AudioSource.PlayClipAtPoint(overClip, transform.position);
        }
    }
  }
}
```

上述代码通过 Tag 找到 Cat 对象，并获取其脚本组件，根据脚本中的变量值判断游戏是否终止。保存脚本并运行场景应用，就可以得到完整的小猫寻食游戏了。

6.3.4　VR 设备与应用开发技术

虚拟现实（以下简称 VR）技术应用广泛，特别是在游戏领域，孕育了目前 VR 应用最大的消费市场。在游戏需求的推动下，出现了许多与特定设备相关的 VR 工具包，如 Steam VR 工具包、Oculus 集成工具包、Windows 混合工具包、Google VR SDK 工具包等，这些工具包是目前 VR 应用开发的基础。

Unity 也开发了一些 VR 内置类和组件，有些针对特定平台，有些独立于设备。这些组件被集成在 XR 类中，包括 XR 设置、设备状态查询、设备输入追踪等。Unity 处于应用程序级工具包组件与设备级 SDK 之间，通过一些插件将它们整合起来。虽然 Unity 内置的 VR 类提供了开发 VR 应用的基础，但支持特定设备的开发工具包在性能和使用方便性方面仍具优势。表 6-13 给出了一些流行的 VR 设备，并给出了配套的 VR SDK、Unity 开发包。安装相应的插件，用户就可以在 Unity 环境中开发支持这些设备的 VR 应用了。

表 6-13　一些流行的 VR 设备

设 备 名 称	目 标 平 台	VR SDK	Unity 工具包
Oculus Rift	独立平台	OpenVR、Oculus	SteamVR Plugin、Oculus Integration
Cardboard	Android、iOS	Cardboard	Google VR SDK
Windows IMR	Windows 平台	Windows Mixed Reality	Mixed Reality Toolkit
HTC Vive	Android	OpenVR	SteamVR Plugin
HUAWEI VR Glass	Android	OpenVR	HUAWEI VR SDK
Gear/GO	Android	Oculus	Oculus Integration
DayDream	Android	DayDream	Google VR SDK、Daydream Elements

目前，VR 设备种类繁多、兼容性差，缺乏跨平台的 API 标准，这意味着每个 VR 设备只能运行针对其 SDK 开发的应用，因此 VR 应用的开发成本比较高。为解决 VR 应用开发的兼容性和跨平台问题，一些 VR 相关企业联合成立了 Khronos Group，旨在标准化各种 VR 设备与应用之间的规范。Khronos Group 提出的 Open XR 规范被很多 VR 企业认可和支

持。Unity 支持 OpenXR 并将其集成在系统中，主要包括应用接口和设备接口两部分。OpenXR 在 VR 系统构建中的层次结构如图 6-62 所示。

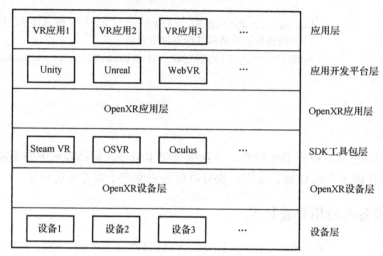

图 6-62　OpenXR 在 VR 系统构建中的层次结构

　　下面以华为公司的 HUAWEI VR Glass 和北京凌宇智控公司的 NOLO CV1 Air 为例，结合 Steam VR 工具包，介绍特定 VR 设备的使用方法以及使用 Unity 开发 VR 应用的相关知识。

1. VR 设备与配置

（1）HUAWEI VR Glass

　　HUAWEI VR Glass（华为眼镜）是一种与虚拟场景交互的沉浸式套件，主要包括一个 VR 眼镜、一个 VR 手柄和若干数据线。它支持手机 VR 和计算机 VR 两种模式。如图 6-63 所示为 HUAWEI VR Glass 与手机连接示意图。手机 VR 模式使用手机生成显示内容，串流投屏到 HUAWEI VR Glass 上，因此对手机型号有一定的要求。计算机 VR 模式则使用计算机和显卡进行串流投屏，因此对计算机操作系统、CPU、显卡的型号都有一定的要求。仅使用 HUAWEI VR Glass，用户就可以浏览逼真的虚拟场景，观看 3D 电影，玩简单的 3D 交互游戏。HUAWEI VR Glass 作为 VR 显示设备，可以与 NOLO CV1 Air 结合在一起，支持流行的 Steam VR。

（2）NOLO CV1 Air

　　NOLO CV1 Air（以下简称为 NOLO）是专为短焦式 VR 眼镜适配的移动 6-DoF 交互套件，主要包括一个定位基站、一个头盔定位器和两个交互手柄，如图 6-64 所示。头盔定位器可直接插接到 HUAWEI VR Glass 上，与定位基站一起实现房间级定位追踪功能，精确捕捉 HUAWEI VR Glass 与两个交互手柄在 6-DoF 上的位置变化。在 NOLO 与 HUAWEI VR Glass 结合的 VR 系统中，HUAWEI VR Glass 作为显示设备，而 NOLO 则负责定位和交互控制，两者配合在一起组成可支持 Steam VR 的硬件平台。

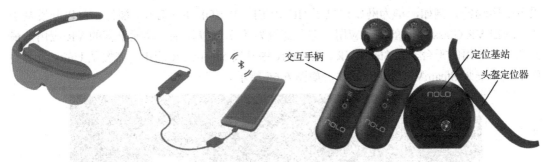

图 6-63　HUAWEI VR Glass 与手机连接　　　　图 6-64　NOLO CV1 Air

（3）Steam VR

Steam 是全球知名的一个综合性数字游戏软件发行平台。要使用 Steam 平台及其提供的应用，必须先下载安装 Steam 客户端，注册后才能使用。用户可以在平台上下载免费的或收费的 VR 游戏。Steam VR 是一个功能完整的 360°房间级空间 VR 系统。Steam VR 工具包最初是只针对 HTC Vive 设备发布的工具包，但现在已能够支持多种 VR 设备和具有追踪位置功能的左右手控制器，包括 Oculus Rift 和 Windows IMR。Steam VR 工具包可以从 Steam 平台下载安装。

（4）设备配置

NOLO 与 HUAWEI VR Glass 配合使用时有两种投屏方式：计算机直连投屏方式和计算机无线投屏方式。前者使用专用的 Belkin VR 数据线直接连接计算机和 HUAWEI VR Glass；后者则使用 5G 频段的 Wi-Fi 路由器连接计算机和手机，而 HUAWEI VR Glass 与手机通过数据线相连，如图 6-63 所示。这里以第一种方式为例，简要介绍在 Windows 平台上配置 VR 设备的过程。

① 从 NOLO 官网根据设备类型选择下载并安装 NOLO HOME 软件。

② 从 Steam 官网下载并安装 Steam 客户端，并注册账户。

③ 从 Steam 官网下载并安装 Steam VR 工具包。

④ 使用 Belkin VR 数据线连接计算机与 HUAWEI VR Glass，插接头盔定位器到 HUAWEI VR Glass 上。

⑤ 启动 NOLO 定位基站和交互手柄，按说明书对 NOLO 定位基站与 HUAWEI VR Glass、交互手柄进行配对。配对成功后，启动 NOLO HOME 软件检测设备连接状态。图 6-65 的设备状态界面显示出，系统已检测到 HUAWEI VR Glass，并且头盔定位器、定位基站、交互手柄都已正确连接。

⑥ 单击"连接"按钮连接 HUAWEI VR Glass。用户可以戴上 HUAWEI VR Glass，单击"NOLO 投屏影院"按钮，启动 VR 应用，测试 VR 效果。

NOLO 和 HUAWEI VR Glass 配置成功后，用户就可以通过 Steam 客户端下载并使用各种 VR 应用了。

2. VR 应用开发

目前，在 Unity 中进行 VR 应用开发基本上都是通过安装插件，使用特定 SDK 实现 VR

设备的驱动的。例如，华为网站提供了 HUAWEI VR SDK For Unity 插件，可以开发基于
HUAWEI VR Glass 的简单交互应用。但若想开发不太依赖设备、功能丰富的 VR 应用，最
好选用更通用的平台，如 Steam VR。在 Unity 中开发 Steam VR 应用，需要从 Unity 资源商
店下载和安装 SteamVR Plugin 插件，如图 6-66 所示。

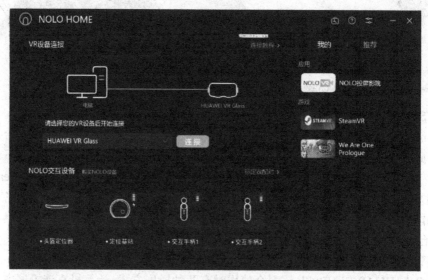

图 6-65　设备状态界面

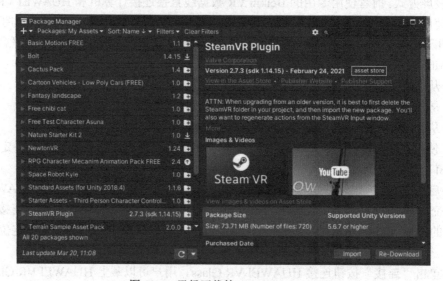

图 6-66　已经下载的 SteamVR Plugin

SteamVR Plugin 中提供了一些场景，展示各种 VR 交互程序的开发技术，开发者可通
过场景中的实例学习、设计、编写自己的 VR 交互程序。

【例 6-16】　在 NOLO 和 HUAWEI VR Glass 上运行 Steam VR 场景应用。

1）安装并测试 NOLO 与 HUAWEI VR Glass 的硬件系统，确保其处于正常工作状态。

2）创建 3D 项目 NHVR，导入 SteamVR Plugin。

3）打开场景文件 Assets/SteamVR/InteracttionSystem/Samples/Interactions_example.unity，其场景如图 6-67 所示。场景中设置了多种不同类型的 VR 交互实例。

图 6-67　VR 场景

4）运行场景应用，戴上 HUAWEI VR Glass，使用两个 NOLO 手柄，就可以在 HUAWEI VR Glass 中看到 360°的虚拟现实场景，可以用 NOLO 交互手柄控制场景中的各种虚拟交互设备（手套、激光射线等）与场景中的各种对象交互。例如，可以用手套抓住桌子上的球扔出去，可以用激光射线推倒方块等。当体验者转动头部时，Game 视图的视角会随之改变（图 6-68 为 Game 视图输出的一个画面），但体验者通过 HUAWEI VR Glass 看到的却是一个不动的全方位虚拟现实场景。

图 6-68　Game 视图输出的一个画面

习题 6

1．使用 Unity 根据题目要求并参照样张制作动画。

要求：

（1）新建 2D 项目 festival。导入素材包 ma-festival.unitypackage，执行"File｜Build Settings"菜单命令，打开 Build Settings 对话框，将 Congratulation 和 Progress 场景添加到 Scenes In Build（场景构建）列表中，删除 SampleScene 场景。按下面的步骤制作并完善 Progress 和 Congratulation 场景。

（2）在 Congratulation 场景中，将精灵 greeting 拖入场景中央，将其 Order In Layer（层序）设为 1。针对 greeting 对象制作 60 帧的文字放大动画 greeting.anim。

（3）在 Progress 场景中，将精灵 boat 拖入场景，层序设为 1，制作帧动画 boat.anim，使其从屏幕左端循环移动到屏幕右端，速度设为 0.2；将精灵 doves 用 Sprite Editor 切割成左右两个精灵，拖入场景，层序设为 1，速度为 0.4，并使用脚本 dovemove 制作动画，使其从右到左循环飞行。

（4）Progress 场景中，将精灵 lamp、goddess 拖入场景，大小和位置如图 6-69 所示，层序设为 2。并为 lamp、goddess 对象分别添加碰撞体组件（Box Collider 2D），为 goddess 对象添加刚体组件（Rigidbody 2D），设置 Gravity Scale（重力参数）值为 0。

（5）拖动脚本 movecontroller 到 goddess 对象之上，使用键盘上的 W、S、A、D 键分别控制 goddess 对象的上、下、左、右移动。修改该脚本，使得检测到 goddess 对象与 lamp 对象发生碰撞时，会跳转到 Congratulation 场景，需添加的代码如下：

```
void OnCollisionEnter2D(Collision2D col)
{
    if (col.gameObject.name.Equals("lamp"))
    {
        SceneManager.LoadScene("Congratulation");
    }
}
```

注意，需要添加头文件：

```
using UnityEngine.SceneManagement;
```

（a）Progress 场景　　　　　　　　　　（b）Congratulation 场景

图 6-69　运行效果

2．使用 Unity 制作人物场景漫游应用。

要求：

（1）新建 3D 项目 Tour，导入资源包 Fantasy Landscape 和 Free Test Character Asuna。

（2）打开 Fantasy Landscape 的 Scene 文件夹中的 DemoScene 场景，调整场景视角和摄像机位置，在场景中找一段平坦道路（参考图 6-70），将 Free Test Character Asuna 的 Prefabs 文件夹中的 FreeTestCharacterAsunaMasterPrefab 预制体拖放到道路上，命名为 Tourist。

（3）制作脚本 MoveController，并拖放到 Tourist 对象上。修改脚本，使 Tourist 对象沿

默认方向自动移动，并实现用 W、A、S、D 键控制移动方向。

（4）制作脚本 FollowTourist，使摄像机跟随 Tourist 对象移动拍摄。

（5）运行场景应用，Game 视图中的效果如图 6-70 所示。用控制键可以控制人物角色在丛林中漫游。

图 6-70　场景效果

参 考 文 献

[1] 李四达. 数字媒体艺术概论. 4 版. 北京：清华大学出版社，2020.

[2] 张亚丽. 新媒体技术与应用. 北京：人民邮电出版社，2020.

[3] 宁光芳，刘露露，陈怡桉. 新媒体技术：基础　案例　应用（视频指导版）. 北京：人民邮电出版社，2021.

[4] 许华虎，杜明. 多媒体应用系统技术. 2 版. 北京：高等教育出版社，2012.

[5] 杜明. 多媒体技术及应用. 北京：高等教育出版社，2009.